新工科应用型人才培养计算机类系列教材

# Python 程序开发基础

主　编　蔺首晶　李蕴祥

副主编　陈胜娣　于　晗　梁　燕

参　编　王　苒　王　璐　杨晓亮　金雯岚　金　琳
　　　　辛启睿　汲美辰　刘德展　杨　薇

西安电子科技大学出版社

## 内 容 简 介

本书是针对零基础的读者学习 Python 程序设计而开发的一本入门级教材。全书内容设计从零基础读者的角度出发，通过采用多样化的案例、通俗易懂的讲解形式和详细的演示步骤，帮助大家轻松地学习 Python 编程。

本书共 8 个项目，以 Python 3.10 为开发环境进行演示讲解。内容包括：初识 Python、字符串与格式化处理、流程控制、组合数据结构、函数、面向对象编程、文件和目录操作、模块。本书配有大量的典型实例，读者可以即学即练，巩固所学知识，并在实践中提升实际开发能力。

本书适合作为应用型本科和高职院校计算机相关专业及其他工科专业学习 Python 程序设计的教材，也可作为编程人员及自学者的参考书。

**图书在版编目(CIP)数据**

Python 程序开发基础 / 蔺首晶，李蕴祥主编. --西安：西安电子科技大学出版社，2023.7
ISBN 978-7-5606-6886-4

Ⅰ. ①P… Ⅱ. ①蔺… ②李… Ⅲ. ①软件工具—程序设计—教材 Ⅳ. ①TP311.561

中国国家版本馆 CIP 数据核字(2023)第 099726 号

策　　划 李惠萍
责任编辑 李惠萍
出版发行 西安电子科技大学出版社(西安市太白南路 2 号)
电　　话 (029) 88202421 88201467　　邮　　编 710071
网　　址 www.xduph.com　　电子邮箱 xdupfxb001@163.com
经　　销 新华书店
印刷单位 陕西日报印务有限公司
版　　次 2023 年 7 月第 1 版 2023 年 7 月第 1 次印刷
开　　本 787 毫米×1092 毫米 1/16 印张 10.25
字　　数 237 千字
印　　数 1～2000 册
定　　价 26.00 元
ISBN 978-7-5606-6886-4 / TP

**XDUP 7188001-1**

# 前　言

Python在近几年来非常流行，它以简洁、清晰、代码可读性强和编程模式符合人的思维方式等特点，受到程序员们的喜爱。Python语言又被誉为“胶水”语言，它可以和多个语言轻松联结在一起。本书基于Windows平台，在Python 3.10软件上对Python语法以及程序设计相关知识进行讲解；同时，本书以案例的形式对Python编程知识进行详细的讲解，在案例中突出重点知识，强调应用思维，让初学Python编程的同学们能够更好更快地了解Python编程的特点。全书共8个项目，内容分别如下：

项目1为初识Python。本项目主要介绍Python的入门知识，包括Python的特点、版本、应用领域、开发环境的搭建、编程规范、变量以及输入/输出函数等。通过本项目的学习，同学们能对Python开发建立初步的认识，并能够独立搭建Python开发环境，为后续学习做好铺垫。

项目2为字符串与格式化处理。本项目主要介绍Python中的数据类型(包括数字类型、字符串类型)、数据类型转换和运算符等知识。通过本项目的学习，同学们能够掌握Python中基本数据类型的常见操作，并多加揣摩与动手练习，为后续的学习打好扎实的基础。

项目3为流程控制。本项目主要介绍Python流程控制，包括if语句、if语句的嵌套、循环语句、循环嵌套以及跳转语句。通过本项目的学习，同学们能够熟练掌握Python流程控制的语法，并能灵活运用流程控制语句开发程序。

项目4为组合数据结构。本项目主要介绍Python中列表与元组的基本使用方法。首先介绍列表，包括列表的创建、访问列表元素、列表的遍历和排序、嵌套类别以及添加、删除和修改列表元素；然后介绍元组，包括元组的创建、访问元组的元素。通过本项目的学习，同学们能够掌握列表和元组的基本使用方法，并能灵活运用列表和元组进行Python程序的开发。

项目5为函数。本项目主要介绍Python中的函数，包括函数的定义和调用、函数的参数传递、变量的作用域、匿名函数以及Python常用的内置函数。通过本项目的学习，同学们能够灵活地定义和使用函数。

项目 6 为面向对象编程。本项目主要介绍类与面向对象的知识，包括面向对象的概念及特点、类和对象的关系、类的定义与访问、对象的创建与使用、类成员的访问限制、构造方法与析构方法、类方法和静态方法、继承和多态等知识。通过本项目的学习，同学们能理解面向对象的思想，能熟练地定义和使用类，并具备分析和开发面向对象项目的能力。

项目 7 为文件和目录操作。本项目主要介绍 Python 中的文件与路径操作，包括文件的打开与关闭、文件的读/写、文件的定位读取、文件的复制与重命名、获取当前路径以及检测路径有效性等。通过本项目的学习，同学们可以掌握文件与路径操作的基础知识，并能在实际开发中熟练地操作文件。

项目 8 为模块。本项目主要介绍与 Python 模块相关的知识，包括模块的定义、模块的导入方式、常见的标准模块、自定义模块、模块的导入特性、包以及下载与安装第三方模块。模块和包不仅能提高开发效率，而且能使代码具有清晰的结构。通过本项目的学习，同学们能熟练地定义和使用模块和包。

本书配套提供了作者精心制作的 PPT、教学大纲、教学设计以及程序代码，方便老师教学使用，有需要的老师可在出版社网站下载或扫描二维码查看。

本书由蔺首晶、李蕴祥主编，陈胜娣、于晗、梁燕为副主编。其中项目 1 由黑龙江生态工程职业学院于晗编写，项目 2、项目 3、项目 7 和项目 8 由大连电子学校李蕴祥编写，项目 4、项目 5 和项目 6 由大连电子学校蔺首晶编写。茂名职业技术学院陈胜娣完成了项目 1 至项目 6 的审稿工作，茂名职业技术学院梁燕完成了项目 7 和项目 8 的审稿工作。参加本书编写的还有王苒、王璐、杨晓亮、金雯岚、金琳、辛启睿、汲美辰、刘德展、杨薇，他们还完成了全书代码的校对工作。感谢所有参与教材开发的团队成员们，我们自始至终携手共进，克服了各种困难，通过一年的努力，顺利完成了本书的编撰工作。若书中存在疏漏和不足，请读者批评指正。

蔺首晶

2023 年 2 月

# 目　录

# 项目 1　初识 Python

在大数据分析技术领域，Python 语言的热度如日中天。Python 是一种面向对象的解释型高级编程语言，它的设计以优雅、明确、简单著称。简洁的语法、出色的开发效率以及强大的功能，使得 Python 集众多优点于一身，并迅速在多个领域占有一席之地。

**知识目标：**

(1) 了解 Python 的特点、版本以及应用领域。

(2) 熟悉 Python 的下载与安装。

(3) 了解 VSCode 的安装及简单使用。

(4) 了解代码规范，掌握变量的意义。

(5) 掌握 Python 的基本输入/输出。

**思政目标：**

(1) 了解计算机软件从业人员应当遵循的职业道德守则，为进入软件行业做准备。

(2) 在学习中发扬工匠精神，为自己未来的职业发展奠定基础。

(3) 使学生充分了解目前我国在软件开发方面的现状；鼓励学生端正学习态度，为实现“中国梦”而努力奋斗，激发学生的爱国情怀。

(4) 通过实践活动让同学们了解党的二十大主题，关注国家大事。

## 任务 1.1　Python 概述

### 1.1.1　Python 的特点

Python 是目前最流行且发展最迅速的计算机语言之一，它具有以下特点。

1. 简短、易学

Python 是一种代表简单思想的语言，它具有极其简单的语法。

#### 2. 开源

Python 是 FLOSS(自由/开放源码软件)之一。

#### 3. Python 是解释型语言

Python 可以直接从源代码运行。在计算机内部，Python 解释器把源代码转换为字节码的中间形式，然后再把它翻译成计算机使用的机器语言。

#### 4. 良好的跨平台性和可移植性

Python 已被移植到很多平台，这些平台包括 Linux、Windows、FreeBSD、Macintosh、Solaris、OS/2、Amiga、AROS、AS/400、BeOS、OS/390、z/OS、Palm OS、QNX、VMS、Psion、Acom RISC OS、VxWorks、PlayStation、Sharp Zaurus、Windows CE 甚至还有 PocketPC。

#### 5. 面向对象

Python 既支持面向过程编程，也支持面向对象编程。可扩展的和丰富的第三方库的部分程序可以使用其他语言编写，如 C/C++。Python 标准库确实很庞大，它可以处理各种工作，包括正则表达式、文档生成、单元测试、线程、数据库、网页浏览器、CGI、FTP、电子邮件、XML、XML-RPC、HTML、WAV 文件、密码系统、GUI(图形用户界面)、Tk 和其他与系统有关的操作。

#### 6. 可嵌入型

Python 可以被嵌入到 C/C++ 程序中，从而提供脚本功能。

### 1.1.2 Python 版本

Python 2 和 Python 3 并行，Python 3 的变革比较大。Python 3 版本没有向下兼容，所以在 Python 3 里是无法执行 Python 2 设计的程序的。本书以 Python 3 作为开发环境，Python 2 和 Python 3 的语法存在一些区别，在这里不做详细的阐述，推荐大家在官网中进行查询。

### 1.1.3 Python 应用领域

Python 是一个功能强大而且语法简单的面向对象的编程语言，它的主要应用领域有以下几个方面。

#### 1. Web 开发

Python 是 Web 开发的主流语言，与 JS、PHP 等广泛使用的语言相比，Python 的类库丰富、使用方便，能够为一个需求提供多种方案。Python 支持最新的 XML 技术，具有强大的数据处理能力，因此 Python 在 Web 开发中占有一席之地。Python 为 Web 开发领域提供的框架有 Django、Flask、Tornado、Web2py 等。

#### 2. 科学计算与数据分析

随着 NumPy、SciPy、Matplotlib 等众多库的引入和完善，Python 越来越适合进行科学计算和数据分析。Python 不仅支持各种科学计算，还可以绘制高质量的 2D 和 3D 图像。与科学计算领域最流行的商业软件 MATLAB 相比，Python 的应用范围更广泛，可以处理的文件和数据的类型更丰富。

**3. 自动化运维**

早期运维工程师大多使用 Shell 编写脚本，但如今 Python 几乎可以说是运维工程师的首选编程语言。很多操作系统中，Python 是标准的系统组件，大多数 Linux 发行版和 Mac OS X 都集成了 Python，可以在终端下直接运行 Python。Python 标准库中包含了多个调用操作系统功能的库：通过第三方软件包 Pywin32，Python 能够访问 Windows 的 COM 服务及其他 Windows API；通过 IronPython，Python 程序能够直接调用.NET Framework。一般来说，用 Python 编写的系统管理脚本在可读性、性能、代码重用度和扩展性这几方面都优于 Shell 脚本。

**4. 网络爬虫**

网络爬虫可以在很短的时间内获取互联网上有用的数据，从而可以节省大量人力资源。Python 自带的 Urllib 库、第三方 Request 库、Scrapy 框架、Pyspider 框架等让网络爬虫变得非常简单。

**5. 人工智能**

Python 是人工智能领域的主流编程语言，人工智能领域神经网络方向流行的神经网络框架 TensorFlow 就采用了 Python 语言。

**6. 游戏开发**

很多游戏开发者先利用 Python 或 Lua 编写游戏的逻辑代码，再使用 C++编写诸如图形显示等对性能要求较高的模块。Python 标准库提供了 Pygame 模块，用户使用该模块可以制作 2D 游戏。

## 任务 1.2　搭建开发环境

### 1.2.1　Python 的下载和安装

Python 是一个轻量级的软件，同学们可以在官网下载安装程序(由于软件的版本不断更新，本书下载的版本可能与同学们下载的版本有所不同，但是下载和安装的方法、步骤相似)。

Python 开发包下载的界面如图 1-1 所示，是在 Windows 10 操作系统下进行安装的，应用的是 Python 3.10.1 版 64 位，同学们也可以下载其他操作系统，选择其他版本。

单击下载 Python 3.10.1 安装程序，启动安装向导，按提示操作，程序安装界面如图 1-2 所示。本书选择的是默认安装路径，如果同学们想选择自定义路径，可以选择“Customize installation”选项，选择需要安装的部件。在这里要注意选中“Add Python 3.10 to PATH”复选框，把 Python 的可执行文件路径添加到 Windows 操作系统的环境变量 PATH 中，方便我们将来在开发中启动各种工具。

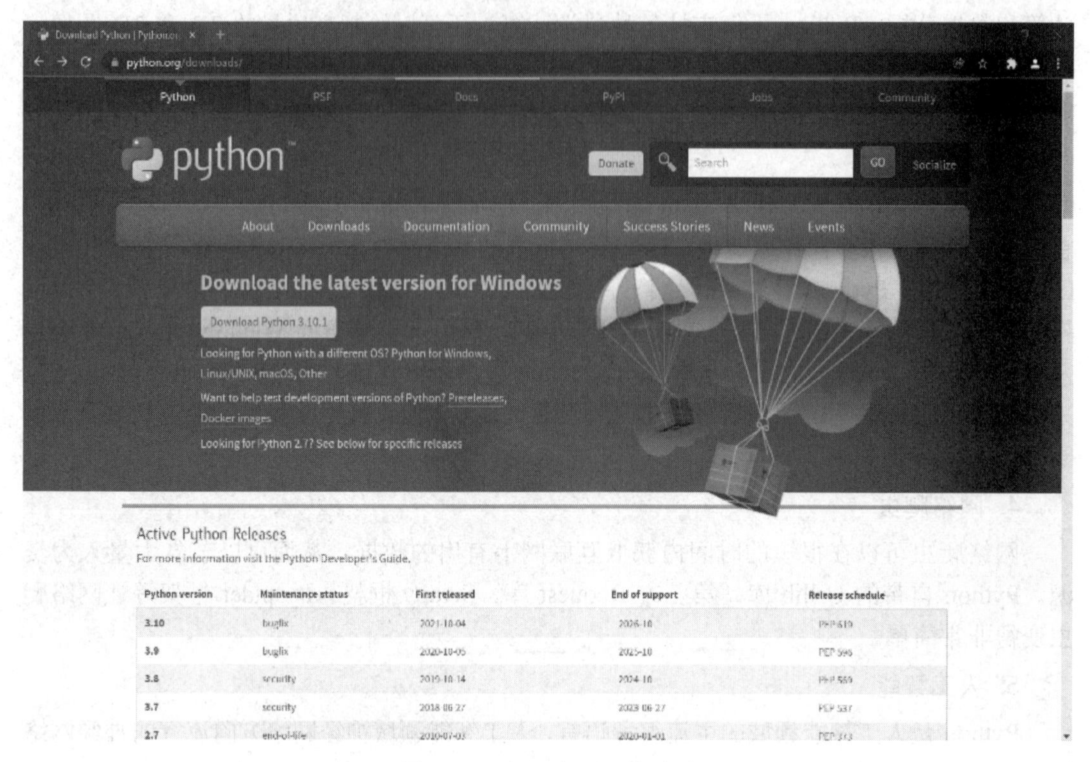


图 1-1　Python 官网下载界面

图 1-2　程序安装界面

安装成功后如图 1-3 所示，我们会在“开始”菜单里面看到图 1-4 所示的命令，这时我们就可以开始编辑 Python 程序了。

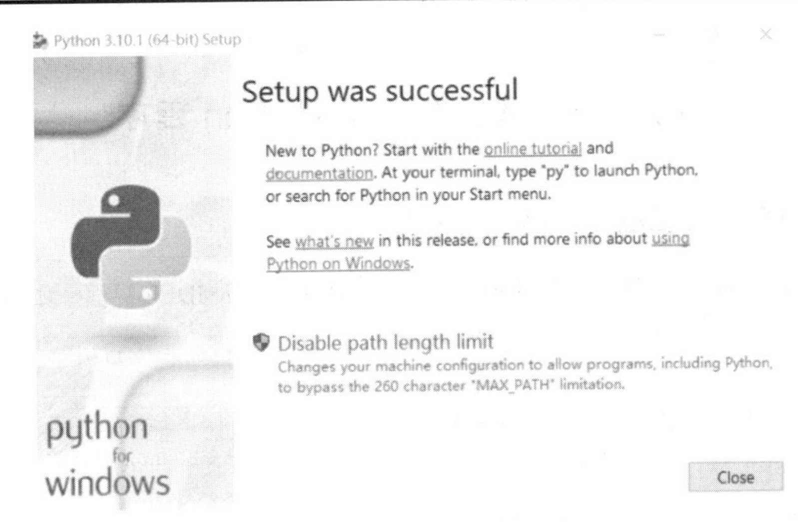


图 1-3　Python 安装成功界面

图 1-4　“开始”菜单中的命令

## 1.2.2　测试 Python 是否安装成功

安装好 Python 后，需要测试是否安装成功。下面是在 Windows 10 系统下测试 Python 是否安装成功的过程，可以在开始菜单右侧的“在这里输入你要搜索的内容”文本框中输入 cmd 命令，启动命令行窗口，在命令提示符后面输入“python”，按 Enter 键，如果出现图 1-5 所示的内容就是安装成功了。图中的信息是作者电脑中的安装信息，不同版本下的显示信息有所差异。

图 1-5　在命令行窗口运行的 Python 解释器

# 任务 1.3　我的第一个 Python 程序

## 1.3.1　使用自带的 IDLE 编写第一个程序

在 Windows 系统的开始菜单的搜索栏中输入 IDLE，进入 IDLE 界面，如图 1-6 所示。

```
IDLE Shell 3.10.4
File  Edit  Shell  Debug  Options  Window  Help
Python 3.10.4 (tags/v3.10.4:9d38120, Mar 23 2022, 23:13:41) [MSC v.1929
64 bit (AMD64)] on win32
Type "help", "copyright", "credits" or "license()" for more information.
>>>
Ln: 3  Col: 0
```

图 1-6　IDLE 界面

图 1-6 是一个交互式的 Shell 界面，可以在界面中直接编写 Python 代码，但只能编写一条代码，如果想要编写多条代码，则需要打开交互式窗口。选择“File→New File”命令，如图 1-7 所示。创建并打开一个新的界面，如图 1-8 所示。

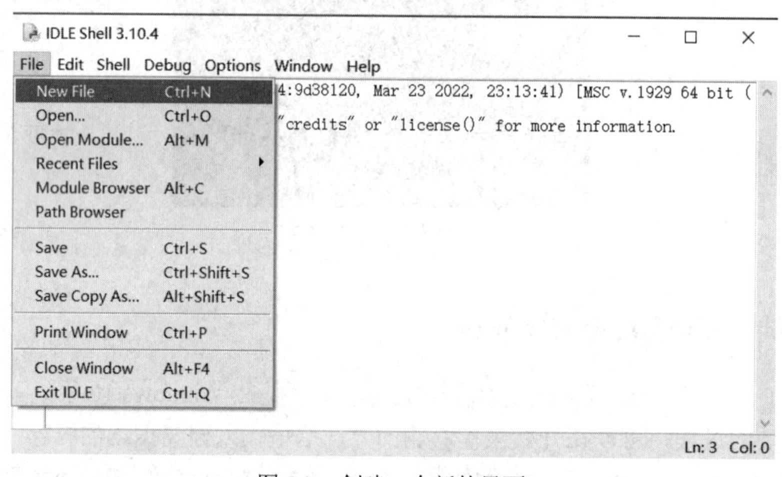


图 1-7　创建一个新的界面

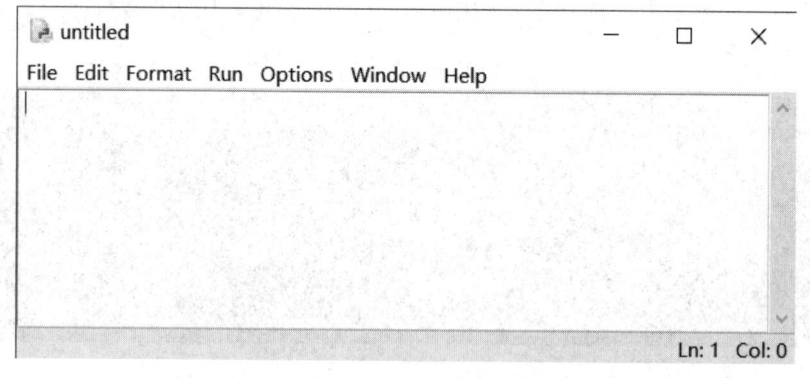


图 1-8　交互式窗口

比如我们来编写一条非常简单的向世界问好的语句，我们需要在 IDLE 的交互式窗口中输入“Hello World！”，在新建的文件中编写如下代码：

```
print("Hello World!")
```

编写完成后，选择“File→Save As…”命令，如图 1-9 所示，将文件保存为 .py 格式。

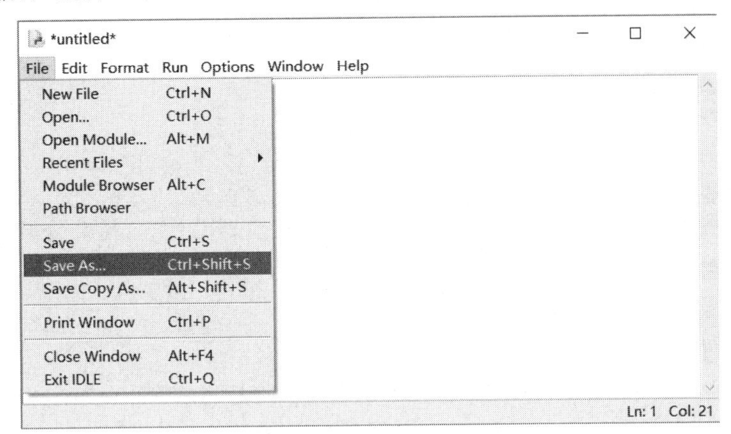


图 1-9　保存文件

保存文件后，选择“Run→Run Module”命令运行文件代码，如图 1-10 所示。

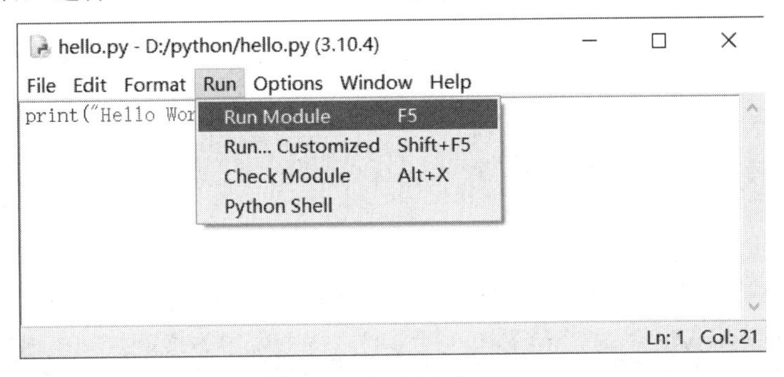


图 1-10　运行文件代码

选择 Run Module 命令后，在 Python Shell 窗口中将显示运行结果，如图 1-11 所示。

```
IDLE Shell 3.10.4
File Edit Shell Debug Options Window Help
Python 3.10.4 (tags/v3.10.4:9d38120, Mar 23 2022, 23:13:41) [MSC v.1929 64 bit (
AMD64)] on win32
Type "help", "copyright", "credits" or "license()" for more information.
>>>
========================= RESTART: D:/python/hello.py =========================
Hello World!
>>>
Ln: 6 Col: 0
```

图 1-11　显示运行结果

### 1.3.2　安装 Visual Studio Code

Visual Studio Code (简称 VSCode)是一款由微软开发且跨平台的免费源代码编辑器，

VSCode 开发环境非常简单易用。

首先安装 VSCode，打开官网 https://code.visualstudio.com/，下载软件包，一步步安装即可，在安装过程中要注意安装路径的设置以及将环境变量默认自动添加到系统中，需要勾选如图 1-12 所示的所有选项。

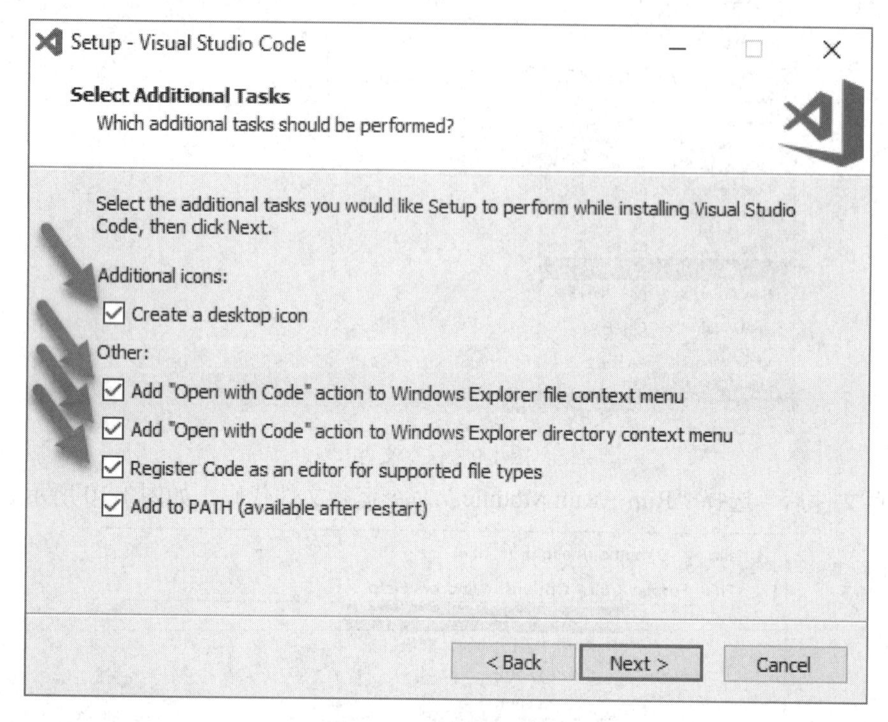


图 1-12　安装选项界面

然后安装 VSCode Python 扩展，如图 1-13 所示。

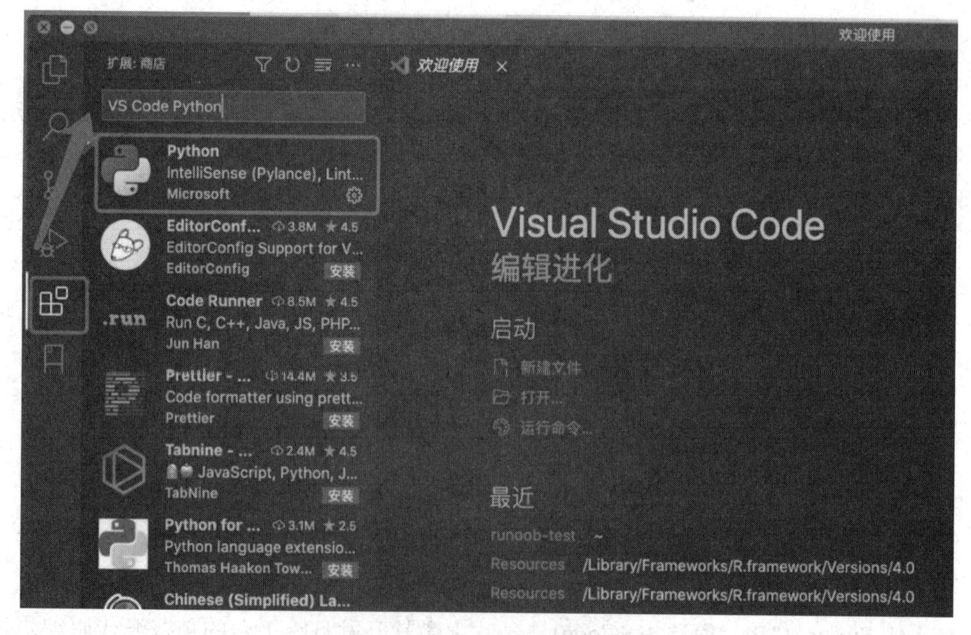


图 1-13　安装 Python 扩展

下面创建一个 Python 代码文件，首先打开 VSCode，然后点击“新建文件...”，如图 1-14 所示。

图 1-14　创建新建文件

打开如图 1-15 所示界面，点击“选择语言”。

图 1-15　选择语言

在搜索框输入“python”，选中 Python 选项，如图 1-16 所示。

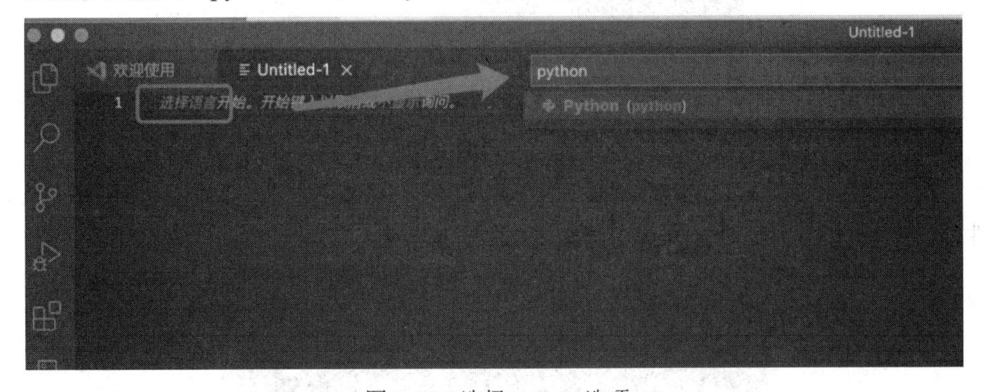


图 1-16　选择 Python 选项

输入如下代码：

```
print("Runoob")
```

右击鼠标，在弹出菜单中选择“在交互式窗口运行当前文件”，如图 1-17 所示。如果有提示需要安装扩展，直接点安装即可(没有安装会一直显示在连接 Python 内核)。

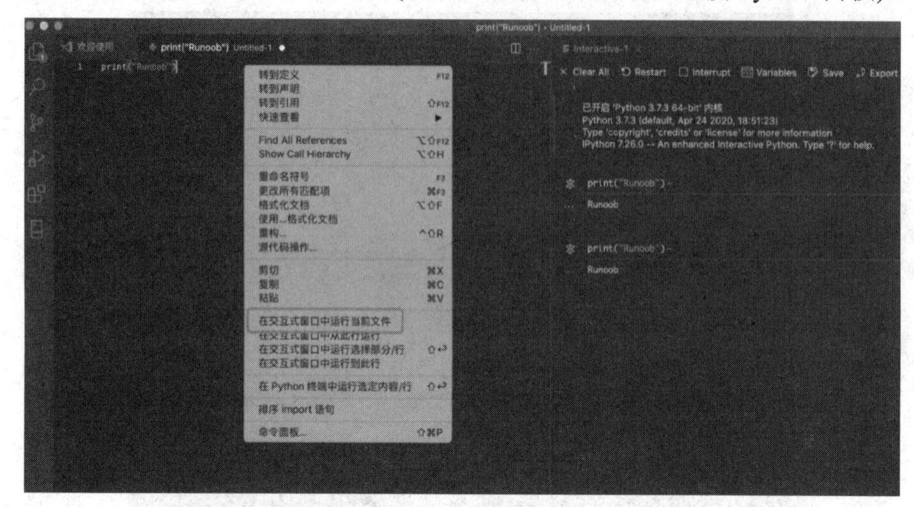


图 1-17　运行文件

另外，还可以打开一个已存在的文件或目录(文件夹)，例如打开一个 runoob-test，如图 1-18 所示。

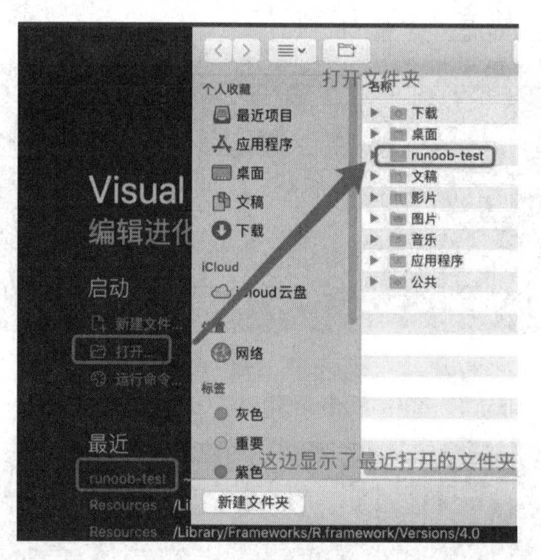


图 1-18　打开文件

然后，如图 1-19 所示，点击“新建文件”图标，输入文件名 test.py，创建一个 test.py 文件。

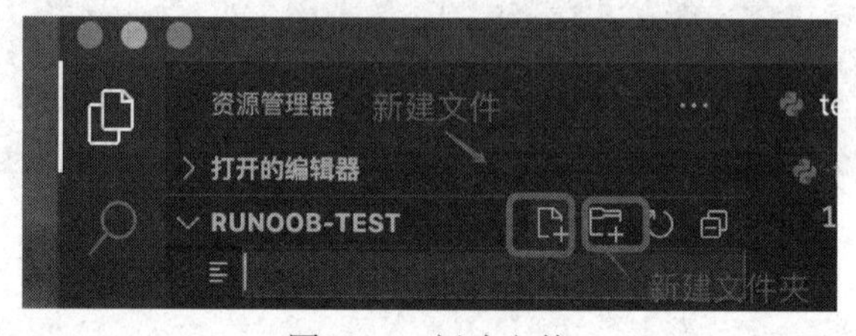


图 1-19　新建文件

注：runoob-test 里面包含了一个 .vscode 文件夹，是一些配置信息。

在 test.py 名称下输入以下代码：

```
print("Runoob")
```

点击右上角绿色图标，如图 1-20 所示，即可运行 Python 文件。

图 1-20 运行文件

还可以右击文件，在弹出菜单中选择“在终端中运行 Python 文件”命令，如图 1-21 所示。

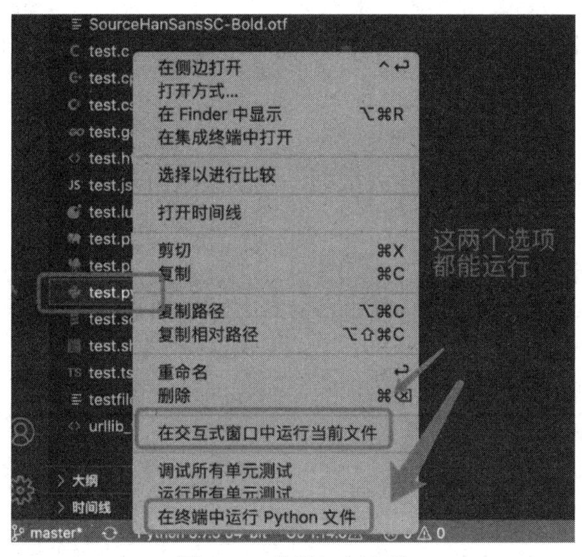


图 1-21 终端运行文件

也可以在代码窗口上右击鼠标，在弹出菜单中选择“在终端中运行 Python 文件”。

### 1.3.3 使用 Visual Studio Code 编写程序

Visual Studio Code 是由微软公司提供的免费代码编辑工具，是常用的第三方开发工具，可以作为 C#和 ASP.NET 等应用的开发工具，也可以作为 Python 的开发工具来使用。本书中主要使用它来进行代码的编辑和调试。

### 1.3.4 变量

在 Python 中，不需要先声明变量名及其类型，直接赋值即可创建各种类型的变量。变量的命名应符合下述要求：

(1) 变量名只能包含字母、数字和下画线，且不能以数字开头。

(2) 变量名不能包含空格。

(3) 变量名不能使用 Python 中的保留字。

(4) 慎用小写字母 l 和大写字母 O，其容易被看成数字 1 和数字 0。

(5) 应该选择有意义的单词作为变量名，做到见名知意。

(6) Python 的命名是大小写敏感的，也就是说 car 和 Car 对于解释器而言，是两个不同的名字。

为变量赋值可以通过赋值运算符( = )来实现，其语法格式为：

**变量名 = 数据**

在计算机语言中，赋值符号( = )和数学中的等号( = )含义不同，例如 x = 9，赋值运算符的含义是将 9 赋值给 x，接下来为 x = x + 2，其含义是将 x 加 2 后的值赋值给 x，这时 x 的值就是 11。

### 1.3.5 基本输入/输出

Python 提供了用于实现输入/输出功能的函数 input()和 print()，下面分别对这两个函数进行介绍。

#### 1. input()函数

input()函数用于接收一个标准输入数据，该函数返回一个字符串类型数据，其语法格式如下：

```
input(*args, **kwargs)
```

如果我们想输入一段文字内容，再让它输出出来，我们就可以用到 print()函数和 input()函数，具体使用方法如下：

```
user_name = input('请输入银行卡账号：')
psssword = input('请输入银行卡密码：')
print('您已登录成功！')
```

程序运行结果：

```
请输入银行卡账号 username
请输入银行卡密码：123456
您已登录成功！
```

#### 2. print()函数

print()函数用于向控制台中输出数据，它可以输出任何类型的数据，该函数的语法格式如下：

```
print(*objects, sep='', end='\n', file=sys.stdout)
```

print()函数中各个参数的具体含义如下：

(1) objects：表示输出的对象。输出多个对象时，需要用逗号分隔。

(2) sep：用于间隔多个对象。

(3) end：用于设置以什么结尾，默认值是换行符“\n”。

(4) file：表示数据输出的文件对象。

下面通过一个学生信息卡的案例演示 print()函数的使用，具体如下：

```
print("姓名：小明")
```

```
age = 16
print("年龄：",age)
print("地址：辽宁省")
```

程序运行的结果：

```
程序运行结果：
姓名：小明
年龄：16
地址：辽宁省
```

# 任务 1.4　实 践 活 动

## 实践 1.1　打印名片

名片是标示姓名及其所属组织、公司单位和联系方法的纸片，是新朋友互相认识、自我介绍的快速有效的方法。名片在商业交往中起着重要的作用。假设要设计的名片样式如图 1-22 所示。

| 西安电子科技大学出版社<br>王先生　主编 |
| --- |
| **手机：18888888888**<br>**地址：西安市** |

图 1-22　名片样式

### 1. 实践分析

名片中的数据均为字符串类型，因此可以使用 print()函数直接打印名片中的内容。

### 2. 代码实现

本实践的具体实现代码如下所示：

```
print('西安电子科技大学出版社')
print('王先生        主编')
print('-------------------------------')
print('手机：18888888888')
print('地址：西安市')
```

### 3. 代码测试

本实践的运行结果如下：

```
西安电子科技大学出版社
王先生　　主编
------------------------------
手机：18888888888
地址：西安市
```

## 实践 1.2　输出“党的二十大主题”

中国共产党第二十次全国代表大会(以下简称“党的二十大”)于 2022 年 10 月 16 日至 22 日在北京胜利召开。党的二十大是在我国进入全面建设社会主义现代化国家的关键历史时期召开的一次承前启后、继往开来的大会，是展望未来、擘画蓝图的大会，是团结鼓劲、凝心聚力的大会。本实例中我们使用学习过的函数来输出党的二十大主题。

**1. 实践分析**

使用 print()函数在命令行窗口中输出“党的二十大主题”内容。

**2. 代码实现**

本实践的具体实现代码如下所示：

```
print('党的二十大主题')
print ('党的二十大主题是高举中国特色社会主义伟大旗帜，全面贯彻新时代中国特色社会主义思想，弘扬伟大建党精神，自信自强、守正创新，踔厉奋发、勇毅前行，为全面建设社会主义现代化国家、全面推进中华民族伟大复兴而团结奋斗。')
```

## 巩 固 练 习

### 一、选择题

1. 下列选项中，不属于 Python 特点的是(　　)。

A. 简单易学　　　　B. 免费开源

C. 面向对象　　　　D. 编译型语言

2. 关于 Python 2 与 Python 3 的说法中，下列描述错误的是(　　)。

A. Python 3 默认使用 UTF-8 编码

B. Python 2 与 Python 3 中的 print 语句的格式没有变化

C. Python 2 默认使用 ASCII 编码

D. Python 2 与 Python 3 中运算符“//”的使用方式一致

3. 关于 Python 命名规范的说法中，下列描述错误的是(　　)。

A. 模块名、包名应简短且全为小写　　　　B. 类名首字母一般使用大写

C. 常量通常使用全大写命名　　　　D. 函数名中不可使用下划线

4. 下列选项中变量名不正确的是(　　)。

A. _text　　　　B. 2cd　　　　C. ITCAST　　　　D. hei_ma

5. 关于 input()函数与 print()函数的说法中，下列描述错误的是(　　)。

A. input()函数可以接收使用者输入的数据

B. input()函数会返回一个字符串类型数据

C. print()函数可以输出任何类型的数据

D. print()函数输出的数据不支持换行操作

**二、填空题**

1. Python 是一种面向____________语言。

2. 由于 Python 具有良好的____________，因此可以将 Python 编写的程序在任何平台中执行。

**三、判断题**

1. Python 具有丰富的第三方库。　(　　)

2. Python 2 中的异常与 Python 3 中的异常使用方式相同。　(　　)

**四、简答题**

1. 请简述 Python 的特点。

2. 请简述 Python 2 与 Python 3 中的区别。

# 项目 2 字符串与格式化处理

数字类型和字符串是Python程序中基本的数据类型，其中数字类型分为整型、浮点型、复数类型和布尔类型。数字类型数据通过运算符可以进行各种数学运算。

**知识目标：**

(1) 了解数字类型的表示方法。
(2) 掌握数字类型转换函数。
(3) 掌握字符串的格式化输出。
(4) 掌握字符串切片等常见操作。
(5) 了解运算符的优先级及其使用。

**思政目标：**

(1) 通过学习程序的书写规范，让同学们体会到“差之毫厘，谬以千里”的道理。

(2) 学习机房规范守则，遵守学校的各项规章制度，强化制度约束，学会责任担当。

(3) 通过学习标识符命名规则，告诫学生在上课学习、日常生活和未来的工作岗位上一定要遵守相应的制度和规定，用以约束自己的行为，做一位合格的社会公民。

(4) 通过对运算符优先级的学习，让同学们知道轻重缓急，处理事情要有条理，合理安排学习和生活中的各种事情。

## 任务 2.1 Python 程序的书写规范

一般情况下，编码规范不会对程序的功能产生影响，但是有利于源代码的阅读。随着软件产品的功能增加和版本迭代，代码量也越来越多，对于软件开发人员而言，在保证软件产品的正确性和运行效率之外，编码规范会对软件的升级、维护等带来极大的便利。养成良好的编码规范习惯对于软件开发和维护都是有百利无一害的。

### 2.1.1 代码缩进

Python 中使用缩进来表示代码块，免去使用大括号{}。缩进的空格数是可变的，但是同一个代码块的语句必须包含相同的缩进空格数。

一般情况下，可以选择使用“Tab 键”进行缩进。可以选择 2、4、8 等个空格宽度进行缩进，建议选择 4 个空格宽度进行缩进。

(1) 缩进空格数相同时，代码如下：

```
i=int(input('请输入 i 的数值:'))
if i==1:
    print ("Yes")
else:
    print ("No")
```

上述代码的执行结果如下：

```
请输入 i 的数值：1
Yes
```

(2) 缩进空格数不同时，代码如下：

```
i=int(input('请输入 i 的数值:'))
if i==1:
    print ("Hello")
    print ("World")
else:
    print ("Hello")
  print ("World")
```

上面代码最后一行语句缩进的空格数与上一行不一致，所以在代码执行后会报错，提示信息如下：

```
File "d:/demo.py", line 7
    print ("World")
                  ^
IndentationError: unindent does not match any outer indentation level
```

### 2.1.2　注释

Python 解析器会忽略注释语句，换言之，注释语句对程序的运行没有任何影响，但是它可以提高程序的可读性，便于程序的更新和维护等。Python 中的注释有单行注释和多行注释。

#### 1. 单行注释

Python 中单行注释以“#”开头，例如：打印“Hello　World!”，代码如下所示：

```
# 打印“Hello, World!”
print ("Hello, World!")    # 正式打印
```

#### 2. 多行注释

多行注释可以用多个“#”号，还可以包含在一对三单引号('''……''')和三对双引号

(""""……""""")之间。例如：打印“Hello World!”，代码如下所示：

```
# 第一个注释
# 第二个注释
'''
第三个注释
第四个注释
第五个注释
'''
"""
第七个注释
第八个注释
第九个注释
"""
print ("Hello World!")
```

3. 编码声明注释

默认情况下，Python 3 源码文件以 UTF-8 编码，所有字符串都是 unicode 字符串，也可以为源码文件指定不同的编码。

例如：# -*- coding: cp-1252 -*-

-*- 没有任何作用，因此，上述声明注释等同于：

```
# coding: cp-1252
```

### 2.1.3 语句的编码规范

良好的编码规范习惯有利于我们编写可读性更高的代码。

1. 多行语句

Python 通常是一行写完一条语句，但如果语句很长，我们可以使用反斜杠“\”来实现多行语句，示例代码如下所示：

```
sum = 'sentence_one' + \
        'sentence _two' + \
        'sentence _three'
print(sum)
```

上述代码的执行结果为：

```
sentence_onesentence _twosentence _three
```

在[]、{}或()中的多行语句，不需要使用反斜杠“\”，示例代码如下所示：

```
total = ('hello_world, hello_world'
        'hello_world, hello_world, ')
print(total)
print(type(total) )
```

上述代码的执行结果为：

```
hello_world, hello_worldhello_world, hello_world,
<class 'str'>
```

**2. 空行使用**

使用必要的空行可以增加程序的可读性，一般在类的定义之间空两行，方法的定义之间空一行。

**3. 空格使用**

运算符两侧、函数参数之间、“,”两侧建议使用空格进行分隔。

**4. 无需分号**

不要在行尾添加“；”，不建议用分号将两条命令放在同一行。

# 任务 2.2　标识符和关键字

## 2.2.1　标识符

在 Python 中，标识符命名规则如下：

(1) 标识符由字母、数字、下画线组成，但不能以数字开头。

(2) 在 Python 3 中，可以用中文作为变量名。

(3) 标识符区分大小写。

(4) 以下画线开头的标识符是有特殊意义的。以单下画线开头的标识符(如 _prope)代表不能直接访问的类属性，需通过类提供的接口进行访问，不能用 from xxx import * 而导入。

(5) 以双下画线开头的标识符(如 __prope)代表类的私有成员，以双下画线开头和结尾代表 Python 中特殊方法专用的标识，如 __init__()代表类的构造函数。

## 2.2.2　关键字

关键字即预定义保留标识符。表 2-1 展示了 Python 中的保留字。这些保留字不能用作常数或变数，也不能用作任何其他标识符的名称。所有 Python 的关键字只包含小写字母。

表 2-1　Python 保留字

| and | del | for | is | raise |
|---|---|---|---|---|
| assert | elif | from | lambda | return |
| break | else | global | not | try |
| class | except | if | or | while |
| continue | exec | import | pass | with |
| def | finally | in | print | yield |

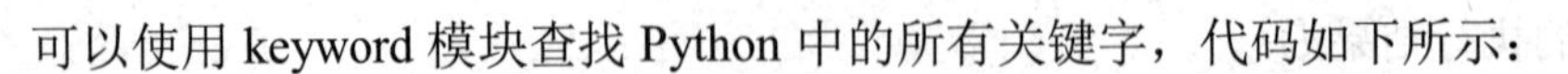

可以使用 keyword 模块查找 Python 中的所有关键字，代码如下所示：

```
>>> import keyword
>>>print (keyword.kwlist)
```

上述代码的执行结果为：

```
['False', 'None', 'True', 'and', 'as', 'assert', 'async', 'await', 'break', 'class', 'continue', 'def', 'del', 'elif', 'else', 'except', 'finally', 'for', 'from', 'global', 'if', 'import', 'in', 'is', 'lambda', 'nonlocal', 'not', 'or', 'pass', 'raise', 'return', 'try', 'while', 'with', 'yield']
```

# 任务 2.3　标准数据类型

在内存中存储的数据可以有多种类型。Python 3 定义了一些标准类型，用于存储各种类型的数据。Python 3 中有六个标准的数据类型：① Number(数字)；② String(字符串)；③ List(列表)；④ Tuple(元组)；⑤ Set(集合)；⑥ Dictionary(字典)。

本章只介绍数字类型和字符串类型，其他的在后面章节会介绍。

## 2.3.1　数字类型

数字数据类型用于存储数值。Python 支持四种不同的数字类型。

(1) int(有符号整型)。

整型用来表示整数数值，即没有小数部分的数值。在 Python 中，整数包括正整数、负整数和 0，并且它的位数是任意的(当超过计算机自身的计算功能时，会自动转用高精度计算)，如果要指定一个非常大的整数，只需要写出其所有位数即可。

整数类型包括十进制整数、八进制整数、十六进制整数和二进制整数。

Python 3 中，bool 是 int 的子类。布尔型只有 True 和 False 两个取值，Truc 和 Falsc 可以和数字相加，其中 True 为 1、False 为 0。

在语句 a = 5 > 2 中，5 > 2 是成立的，所以结果为真(True)。这个值被赋给变量 a，a 的类型为布尔型，其值就为 True。相对于真而言，表示一个命题不成立的值则成为假(False)。

(2) long(长整型，也可以代表八进制和十六进制)。

(3) float(浮点型)。

浮点型就是通常理解的小数。在实际的执行过程中，计算机用 4 个字节(Byte)一共 32 个比特(bit)来存储一个单精度浮点数。其中最高位为符号位，后面 8 位为指数 E，剩下的 23 位是有效数字 M。

(4) complex(复数)。

复数由实数部分 real 和虚数部分 imag 构成，表示为 real+imag，其中 real 和 imag 都是浮点型。

## 2.3.2　数字类型转换

有时我们需要对数据内置的类型进行转换，一般情况下只需要将数据类型作为函数名即可进行数据类型转换。Python 数据类型转换可以分为隐式类型转换和显式类型转换。

### 1. 隐式类型转换

在隐式类型转换中，Python 会自动将一种数据类型转换为另一种数据类型。在对两种不同类型的数据进行运算时，优先级较低的数据类型(整数)就会转换为优先级较高的数据类型(浮点数)以避免数据丢失。示例代码如下所示：

```
num_int = 178
num_float = 3.14

num_new = num_int + num_float

print("datatype of num_int:", type(num_int))
print("datatype of num_float:", type(num_float))

print("Value of num_new:", num_new)
print("datatype of num_new:", type(num_new))
```

上述代码的执行结果为：

```
datatype of num_int: <class 'int'>
datatype of num_float: <class 'float'>
Value of num_new: 181.14
datatype of num_new: <class 'float'>
```

### 2. 显式类型转换

在显式类型转换中，用户将对象的数据类型转换为所需的数据类型。我们使用 int()、float()、str()等预定义函数来执行显式类型转换。其中 int()是强制转换为整型函数，float()是强制转换为浮点型函数，str()是强制转换为字符串类型函数。

将字符型数据转换为整型数据，示例代码如下所示：

```
num_int = 521
num_str = "435"

print("num_int 数据类型为:", type(num_int))
print("类型转换前，num_str 数据类型为:", type(num_str))

num_str = int(num_str)              # 强制转换为整型
print("类型转换后，num_str 数据类型为:", type(num_str))

num_sum = num_int + num_str

print("num_int 与 num_str 相加结果为:", num_sum)
```

```
print("sum 数据类型为:", type(num_sum))

num_int = str(num_int)              # 强制转换为字符型
print("类型转换后，num_int 数据类型为:", type(num_int))
```

上述代码的执行结果为：

```
num_int 数据类型为: <class 'int'>
类型转换前，num_str 数据类型为: <class 'str'>
类型转换后，num_str 数据类型为: <class 'int'>
num_int 与 num_str 相加结果为: 956
sum 数据类型为: <class 'int'>
类型转换后，num_int 数据类型为: <class 'str'>
```

# 任务 2.4　运　算　符

运算符是一种特殊的符号，主要用于数学计算、比较大小和逻辑运算等。Python 的运算符主要包括算术运算符、赋值运算符、比较运算符和逻辑运算符。使用运算符将不同类型的数据按照一定的规则连接起来的式子，称为表达式。例如，使用算术运算符连接起来的式子称为算术表达式，使用逻辑运算符连接起来的式子称为逻辑表达式。下面介绍一些常用的运算符。

## 2.4.1　算术运算符

算术运算符是处理四则运算的符号，在数字的处理中应用得最多。常用的算术运算符如表 2-2 所示。

表 2-2　算 术 运 算 符

| 运 算 符 | 说　　明 | 举　例 | 结　果 |
|---|---|---|---|
| + | 加 | 11.45+14 | 25.45 |
| − | 减 | 4.46−0.16 | 3.3 |
| * | 乘 | 4*3.6 | 14.4 |
| / | 除 | 6/2 | 3 |
| % | 求余，即返回除法的余数 | 6%2 | 0 |
| // | 取整除，即返回商的整数部分 | 5//2 | 2 |
| ** | 幂，如 x**y 即返回 x 的 y 次方 | 2**3 | 8，即 $2^3$ |

## 2.4.2　比较运算符

比较运算符，也叫关系运算符，用于对变量或表达式的结果进行大小、真假等比较，如果比较结果为真，则返回 True，如果结果为假，则返回 False。比较运算符通常用在条件语句中作为判断的依据。常用的比较运算符如表 2-3 所示。

表 2-3　比较运算符

| 运 算 符 | 说　明 | 举　例 | 结　果 |
| --- | --- | --- | --- |
| > | 大于 | 'a'>'b' | False |
| < | 小于 | 147<897 | True |
| == | 等于 | 'a'='a' | True |
| != | 不等于 | 'y'!='t' | True |
| >= | 大于或等于 | 389>=379 | True |
| <= | 小于或等于 | 52.35<=45.6 | False |

## 2.4.3　赋值运算符

赋值运算符主要用来为变量等赋值，使用时可以直接把赋值运算符“=”右边的值赋给左边的变量，也可以在进行某些运算后再赋值给左边的变量。常用的赋值运算符如表 2-4 所示。

表 2-4　赋 值 运 算 符

| 运 算 符 | 说　明 | 举　例 | 展开形式 |
| --- | --- | --- | --- |
| = | 简单的赋值运算 | x=y | x=y |
| += | 加赋值 | x+=y | x= x+y |
| -= | 减赋值 | x-=y | x= x-y |
| *= | 乘赋值 | x*=y | x= x*y |
| /= | 除赋值 | x/=y | x= x/y |
| %= | 取余数赋值 | x%=y | x=x%y |
| **= | 幂赋值 | x**=y | x= x**y |
| //= | 取整除赋值 | x//=y | x= x//y |

## 2.4.4　逻辑运算符

逻辑运算符是对 True 和 False 两个布尔值进行运算，运算后的结果仍是一个布尔值。Python 中的逻辑运算符主要包括 and(逻辑与)、or(逻辑或)、not(逻辑非)。如表 2-5 所示。

表 2-5　逻 辑 运 算 符

| 运 算 符 | 说　明 | 举　例 | 结合方法 |
| --- | --- | --- | --- |
| and | 逻辑与 | op1 and op2 | 从左到右 |
| or | 逻辑或 | op1 or op2 | 从左到右 |
| not | 逻辑非 | not op | 从右到左 |

使用逻辑运算符进行逻辑运算，结果如表 2-6 所示。

表 2-6　逻辑运算结果一览表

| 表达式 1 | 表达式 2 | 表达式 1and 表达式 2 | 表达式 1 or 表达式 2 | not 表达式 1 |
|---|---|---|---|---|
| True | True | True | True | False |
| True | False | False | True | False |
| False | False | False | False | True |
| False | True | False | True | True |

# 任务 2.5　字 符 串 类 型

## 2.5.1　字符串的表示

字符串是连续的字符序列，可以是计算机所能表示的一切字符的集合。在 Python 中，字符串属于不可变序列，通常使用单引号“''”、双引号“""”或者三引号“''''''”括起来。这三种引号形式在语义上没有差别，只是在形式上有些差别。其中单引号和双引号中的字符序列必须在一行上，而三引号内的字符序列可以分布在连续的多行上。

### 1. 字符串的截取

字符串截取的语法格式如下：

```
变量[头下标:尾下标]
```

其中：索引值以 0 为开始值，-1 为从末尾的开始位置，示例代码如下所示：

```
str = 'python'
print (str)                 # 输出字符串
print (str[0:-1])           # 输出第一个到倒数第二个的所有字符
print (str[0])              # 输出字符串第一个字符
print (str[2:5])            # 输出从第三个开始到第五个的字符
print (str[2:])             # 输出从第三个开始的所有字符
print (str * 2)             # 输出字符串两次，也可以写成 print (2 * str)
print (str + "test")        # 连接字符串
```

上述代码的执行结果为：

```
python
pytho
p
tho
thon
pythonpython
pythontest
```

### 2. 转义字符

转义字符是指用一些普通字符的组合来代替一些特殊字符，由于组合改变了原来字符表示的含义，因此称为“转义”。常用的转义字符如表 2-7 所示。

表 2-7 常用转义字符

| 符 号 | 说 明 |
| --- | --- |
| \n | 换行，一般用于末尾，strip 对其也有效 |
| \0 | 表示一个空字符 |
| \t | 横向制表符(可以认为是一个间隔符) |
| \v | 纵向制表符(使用率低) |
| \r | 换行，并将当前字符串之前的所有字符删掉 |
| \' | 转义字符串中的单引号 |
| \" | 转义字符串中的双引号 |
| \\ | 转义反斜杠 |

在 Python 中，在字符串前加“r”表示该字符串为原生字符串，则该字符串中包含的转义字符无效，如：

```
print(r"My name is \"Neo\"")
```

上述代码的执行结果为：

```
My name is \"Neo\"
```

## 2.5.2 字符串的格式化

### 1. 使用%操作符格式化字符串

Python 支持格式化字符串的输出，最基本的用法是将一个值插入到一个有字符串格式符“%s”的字符串中。示例代码如下所示：

```
# 直接输出单引号或双引号或三引号格式字符串
print('hello world')

# %格式化方法输出字符串
print ("我叫 %s 今年 %d 岁!" % ('李刚', 25))
name = 'Python 乐园'
print('欢迎来到%s' % name)
```

上述代码的执行结果为：

```
hello world
我叫李刚今年 25 岁!
欢迎来到 Python 乐园
```

Python 中常见的字符串格式化符号如表 2-8 所示。

表 2-8　常见字符串格式化符号

| 符　号 | 说　　明 |
| --- | --- |
| %c | 格式化字符及其 ASCII 码 |
| %s | 格式化字符串 |
| %d | 格式化整数 |
| %u | 格式化无符号整型 |
| %o | 格式化无符号八进制数 |
| %x | 转义字符串中的单引号 |
| %f | 格式化浮点数字，可指定小数点后的精度 |

### 2. 使用 format()方法格式化字符串

使用 format()方法格式化字符串的语法格式如下：

```
<字符串>.format(<参数列表>)
```

使用 format()方法格式化字符串，示例代码如下所示：

```
print('hello world')
# format()格式化方法输出字符串
name1= 'Python 乐园'
name2= '王刚'
print('欢迎来到{0}，我是{1}'.format(name1, name2))
```

上述代码的执行结果为：

```
hello world
欢迎来到 Python 乐园，我是王刚
```

### 3. f-string

f-string 是 python3.6 之后版本添加的，称之为字面量格式化字符串，是新的格式化字符串的语法。

f-string 格式化字符串以“f”开头，后面跟着字符串。字符串中的表达式用大括号{}包起来，它会将变量或表达式计算后的值替换进去。示例代码如下所示：

```
name = 'Python'
sentence = ' is so big'
print(f'Hello {name}, world{sentence}')                # 替换变量
w = {'name': 'sohu', 'url': 'www.sohu.com'}
print(f'{w["name"]}: {w["url"]}')
```

上述代码的执行结果为：

```
Hello Python, world is so big
sohu: www.sohu.com
```

### 2.5.3　字符串的常见操作符

Python 中常见的字符串操作符如表 2-9 所示。

表 2-9　常见字符串操作符

| 符　号 | 说　　明 |
| --- | --- |
| + | 字符串拼接 |
| * | 重复输出字符串 |
| [] | 通过索引获取字符串中字符 |
| [ : ] | 截取字符串中的一部分，遵循左闭右开原则 |
| in | 成员运算符(如果字符串中包含给定的字符返回 True) |
| not in | 成员运算符(如果字符串中不包含给定的字符返回 True) |
| r 或者 R | 原始字符串(所有的字符串都是直接按照字面的意思来使用，没有转义特殊或不能打印的字符) |
| % | 格式化字符串 |

常见字符串操作运算符的使用，示例代码如下所示：

```
a = "Hello"
b = "Python"
print("a + b 输出结果：", a + b)
print("a * 2 输出结果：", a * 2)
print("a[1] 输出结果：", a[1])
print("a[1:4] 输出结果：", a[1:4])

if( "H" in a) :
    print("H 在变量 a 中")
else :
    print("H 不在变量 a 中")

if( "M" not in a) :
    print("M 不在变量 a 中")
else :
    print("M 在变量 a 中")

print (r'\n')
print (R'\n')
```

上述代码的执行结果为：

```
a + b 输出结果：HelloPython
```

```
a * 2 输出结果：HelloHello
a[1] 输出结果： e
a[1:4] 输出结果： ell
H 在变量 a 中
M 不在变量 a 中
\n
\n
```

# 任务 2.6　实 践 活 动

## 实践 2.1　根据身高体重计算 BMI 指数

BMI 指数即身体质量指数，是目前国际常用的衡量人体胖瘦程度以及是否健康的一个标准。BMI 指数计算公式如下：

$$\text{体质指数(BMI)} = \frac{\text{体重(kg)}}{\text{身高}^2\ (\text{m}^2)}$$

本实践要求编写程序，实现根据输入的身高体重计算 BMI 值的功能。

### 1. 实践分析

编程思路如下：

(1) 计算 BMI 值之前需要使用 input()函数进行接收输入的数据。因为体重、身高数据多使用小数表示，所以在 Python 中需要使用浮点型数据表示体重、身高。

(2) 当接收用户输入的身高、体重数据后，可以根据体质指数计算公式计算 BMI 值，例如，身高为 1.8 m，体重为 80 kg，BMI = 80/(1.8*1.8)。

### 2. 代码实现

本实例的具体实现代码如下所示：

```
height = float(input('请输入您的身高(m):'))
weight = float(input('请输入您的体重(kg):'))
BMI = weight / (height * height)
print('您的 BMI 值为:', BMI)
```

首先使用 input()函数来接收用户输入的身高和体重数据，然后将用户的输入的数据通过 float()转成浮点型数据，并将结果赋值给变量 height 与 weight；接着根据 BMI 值计算公式计算结果，并将计算的结果赋值给变量 BMI；最后使用 print()函数输出变量 BMI 值。

### 3. 代码测试

本实例的运行结果如下：

```
请输入您的身高(m):1.6
```

```
请输入您的体重(kg):55
您的 BMI 值为: 21.484374999999996
```

## 实践 2.2 模拟银行存取款

假设户头上有 1 万元，客户先取 500 元，再存 1000 元，并显示余额。

本实践要求编写程序，模拟实现银行存取款行为。

### 1. 实践分析

编程思路如下：

(1) 我们可以存钱，也可以取钱。当金额数为正时，代表存钱；金额数为负时，代表取钱。

(2) 当存钱后，钱数增加；当取钱时，如果输入的金额的绝对值大于余额，则显示错误。

### 2. 代码实现

本实践的具体实现代码如下所示：

```
print('欢迎来本银行办理业务，请输入金额：')
remain=10000
info = int(input('请输入金额'))            # 记录控制台输入的信息
if info>0:
    remain= remain +info
    print(f'余额为：{remain}元，您存了{ info }元')
else:
    if -info>10000:
        print('您的账户没有那么多钱')
    else:
        remain= remain +info
        info=-info
        print(f'余额为：{remain}元，您取了{ info}元')
```

### 3. 代码测试

本实践的运行结果如下：

```
#测试一：输入 500
欢迎来本银行办理业务，请输入金额：
请输入金额 500
余额为：10500 元，您存了 500 元

#测试二：输入-1000
欢迎来本银行办理业务，请输入金额：
请输入金额-1000
余额为：9000 元，您取了 1000 元
```

## 一、选择题

1. Python 中使用(　　)符号表示单行注释。

A. #　　B. /　　C. //　　D. <!-- -->

2. 下列选项中，不属于 Python 关键字的是(　　)。

A. name　　B. if　　C. is　　D. and

3. 下列选项中，属于数值类型的数据是(　　)。

A. 0　　B. 1.0　　C. 1+2j　　D. 以上全部

4. 若将 2 转换为 0b10，应该使用(　　)函数。

A. oct()　　B. bin()　　C. hex()　　D. int()

5. 下列选项中，不属于 Python 数据类型的是(　　)。

A. bool　　B. dict　　C. string　　D. set

## 二、填空题

1. Python 中建议使用____________个空格表示一级缩进。

2. 布尔类型的取值包括______________和______________。

3. 使用________________函数可以查看数据的类型。

4. float()函数用于将数据转换为________________类型的数据。

5. 若 a = 3，b = −2，则 a += b 的结果为________________。

## 三、判断题

1. Python 中可以使用关键字作为变量名。(　　)

2. 变量名可以以数字开头。(　　)

3. Python 标识符不区分大小写。(　　)

4. 布尔类型是特殊的浮点型。(　　)

5. 复数类型的实数部分可以为 0。(　　)

## 四、简答题

1. 简述 Python 的数据类型。

2. 简述 Python 变量的命名规范。

3. 简述 Python 的运算符。

## 五、编程题

1. 编写程序，要求能根据用户输入的直径计算圆的面积(圆的面积公式：S = πr^2，π 取值为 3.14)，并分别输出圆的直径和面积。

2. 编写程序，已知某煤场有 29.5 吨煤，先用一辆载重 4 吨的汽车运 3 次，剩下的用一辆载重为 2.5 吨的汽车运送，请计算还需要运送几次才能送完？

# 项目3 流程控制

任何事情都要遵循一定的原则，程序设计需要利用流程控制实现与用户的交流，根据用户的需要再决定程序下一步何去何从。在任何一门编程语言中流程控制都是非常重要的，它确定了程序执行的流程，如果没有流程控制语句，整个程序将按照线性的顺序自顶向下执行下去，并不能根据用户的要求进行执行。本项目将详细讲解流程控制语句的使用和设计。

### 知识目标：

(1) 了解 if 语句的多种格式。
(2) 熟练使用 if 语句的嵌套。
(3) 掌握 for 循环与 while 循环的使用。
(4) 熟悉 for 循环与 while 循环嵌套。
(5) 掌握 break 与 continue 语句的使用。

### 思政目标：

(1) 通过流程图了解程序编写结构，帮助学生养成良好的思维习惯，从多个角度来看待问题，解决问题。

(2) 通过学习分支结构和循环结构，让学生深刻体会人生是没有一帆风顺的，有时我们会在原地打转，有时我们会遇到选择，正因为有了这些我们的人生才更加精彩。

(3) 通过循环语句的学习，引导学生体会成功是日复一日的坚持，培养学生持之以恒，百折不挠，不断打磨专业能力的品质和工匠精神。

## 任务 3.1 if 语 句

在生活中，总是需要做出许多选择，程序也是一样。当我们输入的用户名和密码都正确的时候，可以进入网站，否则显示登录失败。在例子中可以看出选择关系，通常也叫做条件语句，按照条件选择执行不同的代码片段。Python 中选择语句主要有 3 种形式，分别是 if 语句、if…else 语句和 if…elif…else 多分支语句。

### 3.1.1　if 语句的格式

Python 中使用 if 保留字来组成选择语句，语法格式如下：

```
if    表达式:
      语句块
```

其中，表达式可以是一个单纯的布尔值或变量，也可以是比较表达式或逻辑表达式(例如：a>b and a!=c)，如果表达式的值为真，则执行“语句块”；如果表达式的值为假，则跳过“语句块”，继续执行后面的语句。这种形式的 if 语句相当于汉语里的关联词语“如果……就……”，其流程图如图 3-1 所示。

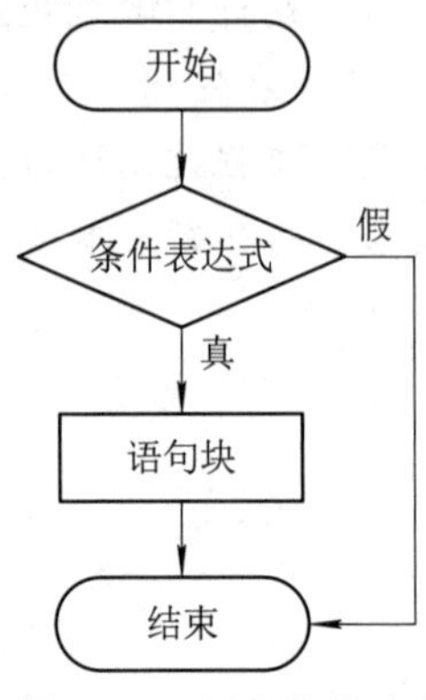


图 3-1　if 语句执行流程

输入两个数，按数值由小到大的次序输出这两个数，代码如下所示：

```
a = int(input("请输入一个数："))
b = int(input("请输入另一个数："))

if a > b:
   t=a
   a=b
   b=t
print(a, b)
```

上述代码的执行结果为：

```
请输入一个数：5
请输入另一个数：10
5 10
```

### 3.1.2　if…else 语句

如果遇到二选一的条件，在 Python 中提供了 if…else 语句解决类似问题，其语法格式如下：

```
if    表达式:
      语句块 1
```

```
else:
    语句块 2
```

使用 if...else 语句时，表达式可以是一个单纯的布尔值或变量，也可以是比较表达式或逻辑表达式。如果满足条件，则执行 if 后面的语句块 1；否则，执行 else 后面的语句块 2。这种形式的选择语句相当于汉语里的关联词语“如果…就…否则…”，其流程图如图 3-2 所示。

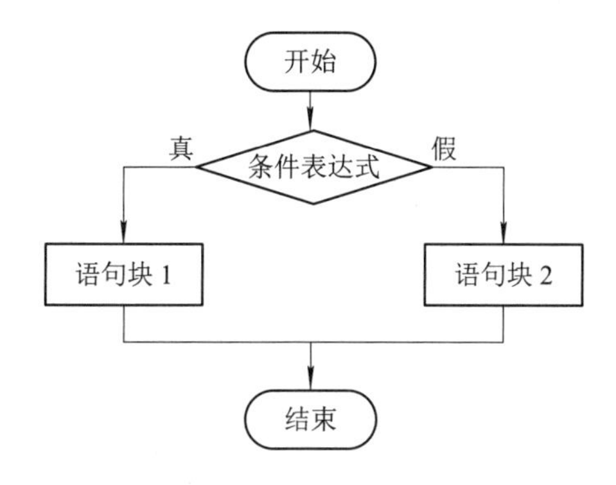


图 3-2　if...else 语句执行流程

### 1. 使用 if...else 语句求绝对值

在 Python 中，if...else 语句可以使用条件表达式进行简化，例如：求某个变量的绝对值，代码如下所示：

```
#方法一：
a= -5
if a>0:
   b=a
else:
   b=-a
print(b)
#方法二：
a=-5
b=a if a>0 else -a
print(b)
```

上述代码的执行结果为：

```
5
```

上段代码实现求绝对值的功能，如果 a > 0，就把 a 的值赋值给变量 b，否则将 -a 的值赋值给变量 b。使用条件表达式的好处是可以使代码简洁，并且有一个返回值。

### 2. 使用 if...else 语句输出成绩等级

根据用户录入的成绩输出该成绩对应的等级，代码如下所示：

```
score = int(input("请输入成绩："))
if score >= 60:
```

```
    print("及格了")
else:
    print("不及格，再努力")
```

上述代码的执行结果为：

```
请输入成绩：90
及格了
```

### 3.1.3　if…elif…else 语句

在开发程序时，如果遇到多选一的情况，则可以使用 if…elif…else 语句。该语句是一个多分支选择语句，通常表现为“如果满足某种条件，就会进行某种处理，否则，如果满足另一种条件，则执行另一种处理…”。if…elif…else 语法格式如下：

```
if  表达式 1：
    语句块 1
elif 表达式 2：
    语句块 2
elif 表达式 3：
    语句块 3
…
else:
    语句块 n
```

使用 if…elif…else 语句时，表达式可以是一个单纯的布尔值或变量，也可以是比较表达式或逻辑表达式。如果表达式的值为真，执行语句；如果表达式的值为假，则跳过该语句，进行下一个 elif 的判断，只有在所有表达式都为假的情况下，才会执行 else 中的语句。if…elif…else 语句的流程图如图 3-3 所示。

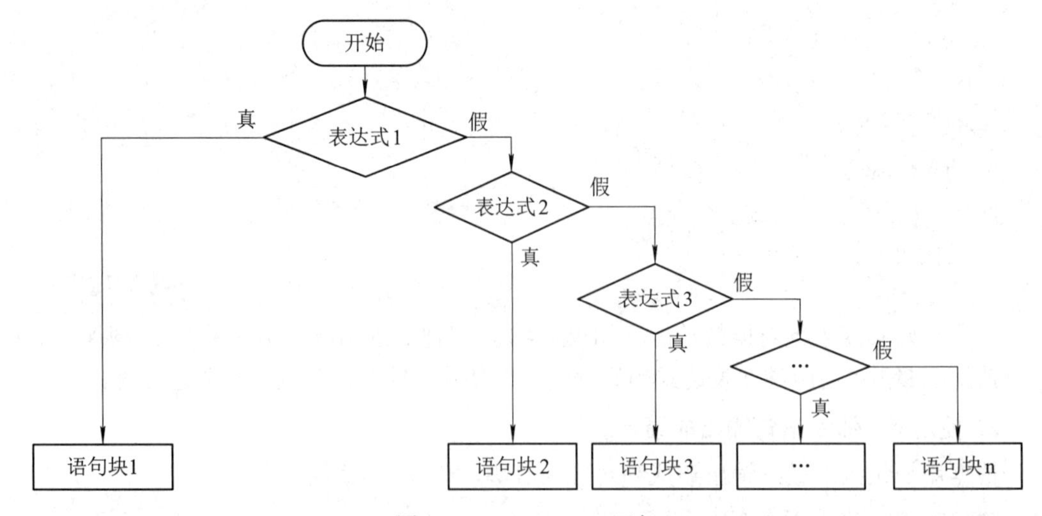


图 3-3　if…elif…else 语句

在这里我们需要注意的是：if 和 elif 都需要判断表达式值的真假，而 else 则不需要再判断，另外，elif 和 else 都必须与 if 一起使用，不能单独使用。

**例**：使用 if…elif…else 语句计算运费。

运输公司计算运费规则如表 3-1 所示。

表 3-1 运费路程表

| 路 程 (公里) | 折 扣 (%) |
|---|---|
| mile＜250 | 0% |
| 250≤mile＜500 | 2% |
| 500≤mile＜1000 | 5% |
| 1000≤mile＜2000 | 8% |
| 2000≤mile＜3000 | 10% |
| 3000≤mile | 13% |

快速计算运费的代码如下所示：

```
mile = float(input("请输入路程数，单位为公里："))
ton = float(input("请输入货物重量，单位为吨："))
price = 0          #运费
index = 5          #运费系数
if mile < 250:
    price = mile * index * ton
elif 250 <= mile < 500:
    price = mile * index * ton * (1-0.02)
elif 500 <= mile < 1000:
    price = mile * index * ton * (1-0.05)
elif 1000 <= mile < 2000:
    price = mile * index * ton * (1-0.08)
elif 2000 <= mile < 3000:
    price = mile * index * ton * (1-0.1)
elif mile >= 3000:
    price = mile * index * ton * (1-0.15)
print('运费为%s 元' % price)
```

上述代码的执行结果为：

```
请输入路程数，单位为公里：280
请输入货物重量，单位为吨：100
运费为 137200.0 元
```

## 任务 3.2 if 语句的嵌套

前面我们介绍了 3 种形式的 if 选择语句，这 3 种形式的选择语句之间是可以互相嵌套的。

在最简单的 if 语句中嵌套 if…else 语句，形式如下：

```
if          表达式 1：
      if     表达式 2：
             语句块 1
      else:
             语句块 2
```

在 if…else 语句中嵌套 if…else 语句，形式如下：

```
if          表达式 1：
      if     表达式 2：
             语句块 1
      else:
             语句块 2
else:
      if     表达式 3：
             语句块 3
      else：
             语句块 4
```

if 选择语句可以有多种嵌套方式，开发程序时，可以根据自身需要选择合适的嵌套方式，但一定要严格控制好不同级别代码块的缩进量。

下列所示的函数是分段函数，可以使用嵌套的 if 语句实现。代码如下所示：

$$y=\begin{cases}x^2 & (x>2)\\ 3*x-8 & (2\geqslant x>-2)\\ x+5 & (x\leqslant -2)\end{cases}$$

```
x = int(input("请输入 x 的值："))
if x > -2:
    if x >2:
        y=x*x
    else:
        y=3*x-8
        print("y="+y)
else:
    y=3*x-8
y=str(y)
print("y="+y)
```

上述代码的执行结果为：

```
请输入 x 的值：4
y=16
```

# 任务 3.3　循环语句

在生活中，很多问题不能一次性解决，需要重复进行多次，同一件事情周而复始地运转才能保证完成，这样反复做同一件事情的情况，称为循环。循环结构由循环变量、循环体和循环终止条件三个要素组成。循环有两种类型：

(1) 重复一定次数的循环，称为计次循环，如 for 循环。

(2) 一直重复，直到条件不满足时才结束的循环，称为条件循环。只要条件为真，这种循环会一直持续下去，如 while 循环。需要注意的是，在其他语言中(如 C、C++、Java 等)，条件循环还包括 do…while 循环，但 Python 没有 do…while 循环。

## 3.3.1　for 循环

for 循环是一个重复执行一定次数的循环，通常适用于枚举或遍历序列，以及迭代对象中的元素。语法如下：

```
for   迭代变量      in    对象:
      循环体
```

其中，迭代变量用于保存读取出的值；对象为要遍历或迭代的对象，该对象可以是任何有序的序列对象，如字符串、列表和元组等；循环体为一组被重复执行的语句。

for 循环语句的执行流程图如图 3-4 所示。

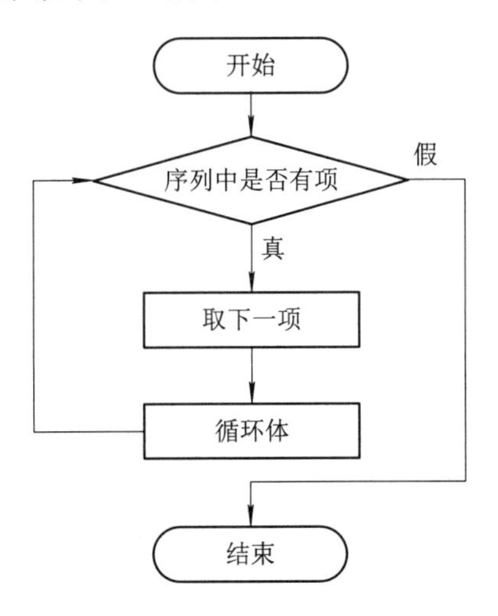


图 3-4　for 循环流程图

**例**：企业发放的奖金是根据利润提成的。利润(I)低于或等于 10 万元时，奖金可提 10%；利润高于 10 万元，低于 20 万元时，低于 10 万元的部分按 10%提成，高于 10 万元的部分，可提成 7.5%；利润在 20 万到 40 万之间时，高于 20 万元的部分，可提成 5%；利润在 40 万到 60 万之间时高于 40 万元的部分，可提成 3%；利润在 60 万到 100 万之间时，高于 60 万元的部分，可提成 1.5%；利润高于 100 万元时，超过 100 万元的部分按 1%提成。从键盘输入当月利润 I，求应发放奖金总数？代码如下所示：

```
profit=int(input('Show me the money: '))
bonus=0
thresholds=[100000, 200000, 400000, 600000, 1000000]
rates=[0.1, 0.075, 0.05, 0.03, 0.015, 0.01]
for i in range(len(thresholds)):
    if profit<=thresholds[i]:
        bonus+=profit*rates[i]
        profit=0
        break
    else:
        bonus+=thresholds[i]*rates[i]
        profit-=thresholds[i]
bonus+=profit*rates[-1]
print(bonus)
```

上述代码的执行结果为：

```
Show me the money: 1200000
60000.0
```

### 3.3.2　while 循环

while 关键字后面跟随的是一个循环条件，它的执行过程可用自然语言描述为：解释器首先判断 while 循环条件是否成立，如果成立，则执行代码块，执行完毕后再次判断循环条件是否成立，如果成立，再次执行代码块，…，直到循环条件不成立为止，退出循环。

while 循环是一个条件循环语句，当条件满足时重复执行代码块，直到条件不满足为止。while 循环的格式如下：

```
while    条件表达式:
    循环体(代码块)
```

需要注意的是：需要先判断后执行，所以在特定条件下循环体可能一次也不被执行。流程图如图 3-5 所示。

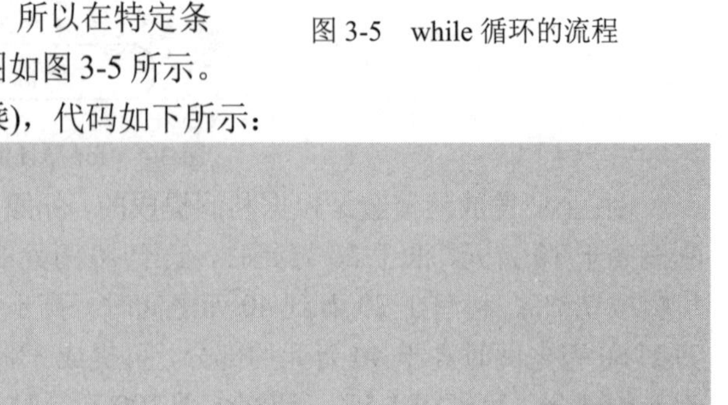

图 3-5　while 循环的流程

使用 while 循环计算 10！(10 的阶乘)，代码如下所示：

```
i=1
result = 1
while i<=10:
    result *=i
    i+=1
print(result)
```

上述代码的执行结果为：

```
3628800
```

代码中首先定义了变量 i 和 result，其中变量 i 表示乘数，初始值为 1；变量 result 表示计算结果，初始值也为 1，其次开始执行 while 语句，判断是否满足表达式“i<=10”，由于表达式的执行结果为 True，循环体内的语句 result*=i 和 i+=1 被执行，result 值为 1，i 值变成 2；再次判断条件表达式，结果为 True，执行循环体中的代码后 result 值变为 2，i 值变为 3，然后继续判断条件表达式，以此类推，直到 i=11 时，条件表达式 i<=10 的判断结果为 False，循环结束，最后输出 result 的值。

## 任务 3.4 循 环 嵌 套

在代码编写过程中，可能需要对一段代码执行多次，我们使用循环语句来实现。如果需要重复执行循环语句的话，就可以使用循环嵌套来实现。Python 中，允许在一个循环体中嵌入另一个循环，这称为循环嵌套。for 循环和 while 循环都可以进行循环嵌套。

(1) while 循环中嵌套 while 循环，格式如下：

```
while    条件表达式 1：
      代码块 1
      while    条件表达式 2：
          代码块 2
```

(2) for 循环中嵌套 for 循环，格式如下：

```
for    迭代变量 1    in    对象 1：
       for    迭代变量 2    in    对象 2：
              循环体 2
       循环体 1
```

(3) while 循环中嵌套 for 循环，格式如下：

```
while      条件表达式：
      for    迭代变量    in    对象：
             循环体 2
      循环体 1
```

(4) for 循环中嵌套 while 循环，格式如下：

```
for    迭代变量    in    对象：
       while    条件表达式：
            循环体 2
       循环体 1
```

以上四种嵌套格式为常见格式，还可以实现更多层的嵌套，方法和上面的格式类似。

### 3.4.1 while 循环嵌套

在 while 循环嵌套中，我们需要首先判断第一层 while 循环的条件表达式 1 是否成立，如果成立，则执行代码块 1，然后执行内层 while 循环。执行内层 while 循环时，判断条件表达式 2 是否成立，如果成立则执行代码块 2，直至内层 while 循环结束。每次执行外层 while 语句，都要将内层的 while 循环重复执行一遍。

**例**：使用 while 循环嵌套语句打印由“*”组成的直角三角形。代码如下所示：

```
i = 1
while i<=5:
    j = 1
    while j <= i:
            print("*", end = '')
            j+=1
    print(end="\n")
i+=1
```

上述代码的执行结果为：

```
*
**
***
****
*****
```

**例**：使用 while 语句嵌套循环打印九九乘法表。

在使用 while 语句嵌套循环实现时，使用变量 i 来控制行，变量 j 控制每行显示的表达式。具体过程如下：

(1) 生成两个 10 以内的整数，并按乘法表结构打印两个整数相乘的算式。

(2) 按要求打印数字字符串行时，打印完乘法算式后以空格结束。

(3) 每打印一行乘法表后，需要打印换行符进行换行输出。

代码如下所示：

```
i=1
while i<10:
    j=1
    while j<=i:
        print("%d*%d=%-2d"%(j, i, j*i), end=' ')
        j+=1
    print("\n")
    i+=1
```

上述代码的执行结果为：

```
1*1=1
1*2=2    2*2=4
1*3=3    2*3=6    3*3=9
1*4=4    2*4=8    3*4=12   4*4=16
```

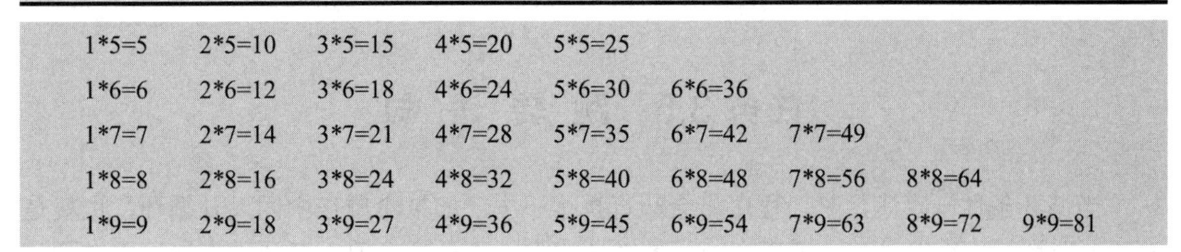

```
1*5=5    2*5=10   3*5=15   4*5=20   5*5=25
1*6=6    2*6=12   3*6=18   4*6=24   5*6=30   6*6=36
1*7=7    2*7=14   3*7=21   4*7=28   5*7=35   6*7=42   7*7=49
1*8=8    2*8=16   3*8=24   4*8=32   5*8=40   6*8=48   7*8=56   8*8=64
1*9=9    2*9=18   3*9=27   4*9=36   5*9=45   6*9=54   7*9=63   8*9=72   9*9=81
```

需要注意的是，while 循环嵌套格式正确，嵌套的形式和层数都不受限制，如果嵌套的层级太多，代码会变得非常复杂，不好理解。因此我们最好把嵌套的层数控制在三层以内。

### 3.4.2　for 循环嵌套

for 循环嵌套语句与 while 循环嵌套语句基本相同，先执行外层循环后执行内层循环，每执行一次外循环都要执行一遍内层循环。

**例**：有五个数字：1、2、3、4、5 能组成多少个互不相同且无重复数字的三位数？各是多少？代码如下所示：

```
num=0
for a in range(1, 6):
    for b in range(1, 6):
        for c in range(1, 6):
            if((a!=b)and(a!=c)and(b!=c)):
                print(a, b, c, end=", ")
                num+=1
print (num)
```

上述代码的执行结果为：

```
1 2 3, 1 2 4, 1 2 5, 1 3 2, 1 3 4, 1 3 5, 1 4 2, 1 4 3, 1 4 5, 1 5 2, 1 5 3, 1 5 4, 2 1 3, 2 1 4, 2 1 5, 2 3 1, 2 3 4, 2 3 5, 2 4 1, 2 4 3, 2 4 5, 2 5 1, 2 5 3, 2 5 4, 3 1 2, 3 1 4, 3 1 5, 3 2 1, 3 2 4, 3 2 5, 3 4 1, 3 4 2, 3 4 5, 3 5 1, 3 5 2, 3 5 4, 4 1 2, 4 1 3, 4 1 5, 4 2 1, 4 2 3, 4 2 5, 4 3 1, 4 3 2, 4 3 5, 4 5 1, 4 5 2, 4 5 3, 5 1 2, 5 1 3, 5 1 4, 5 2 1, 5 2 3, 5 2 4, 5 3 1, 5 3 2, 5 3 4, 5 4 1, 5 4 2, 5 4 3, 60
```

**例**：使用 for 循环嵌套打印由“*”组成的直角三角形。代码如下所示：

```
for i in range(1, 6):
    for j in range(i):
    print("*", end = '')
print('')
```

上述代码的执行结果为：

```
*
**
***
****
*****
```

# 任务 3.5　跳 转 语 句

当循环条件一直满足时，程序将会一直执行下去。如果希望在中间离开循环，也就是在 for 循环结束重复之前，或者在 while 循环找到结束条件之前，有两种方法可以做到：① 使用 break 完全中止循环。② 使用 continue 语句直接跳到下一次循环。

## 3.5.1　break 语句

break 语句可以终止当前的循环，包括 while 和 for 在内的所有控制语句。就像在赛车比赛中，本来预计在轨道上跑十圈，但第二圈时车出现故障，被迫停止比赛，这就相当于在循环中使用了 break 语句提前终止了循环。break 语句的语法比较简单，只需要在相应的 while 或 for 语句中加入即可。

break 语句一般会结合 if 语句进行搭配使用，表示在某种条件下，跳出循环，如果使用嵌套循环，break 语句将跳出当前循环。

### 1. 在 while 语句中使用 break 语句

在 while 语句中使用 break 语句的形式如下：

```
while	条件表达式 1：
    执行代码
    if	条件表达式 2：
        break
```

其中，条件表达式 2 用于判断什么时候调用 break 语句跳出循环，在 while 语句中使用 break 语句的流程如图 3-6 所示。

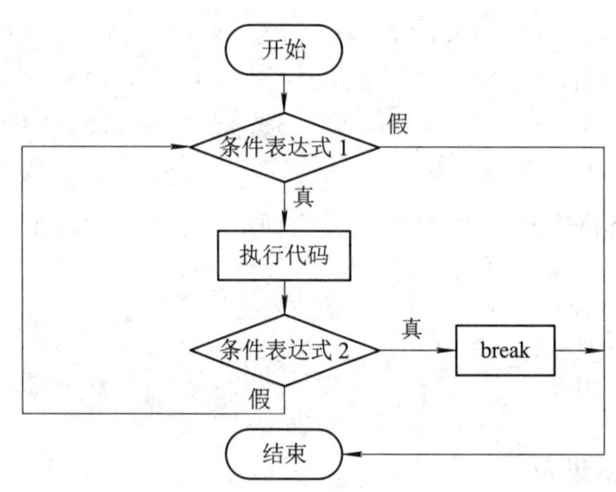


图 3-6　在 while 语句中使用 break 语句流程图

**例**：使用 while 循环输出区间[1, 9]中小于 5 的数字，如果等于 5 则中断 while 循环。代码如下所示：

```
i=0
max=5
```

```
while i<10:
    i+=1
    print("------")
    if (i==max):
        break
    print(i)
```

上述代码的执行结果为：

```
------
1
------
2
------
3
------
4
------
```

### 2. 在 for 语句中使用 break 语句

在 for 语句中使用 break 语句的形式如下：

```
for    迭代变量    in    对象:
    执行代码
    if    条件表达式:
        break
```

其中，条件表达式用于判断什么时候调用 break 语句跳出循环，在 for 语句中使用 break 语句的流程如图 3-7 所示。

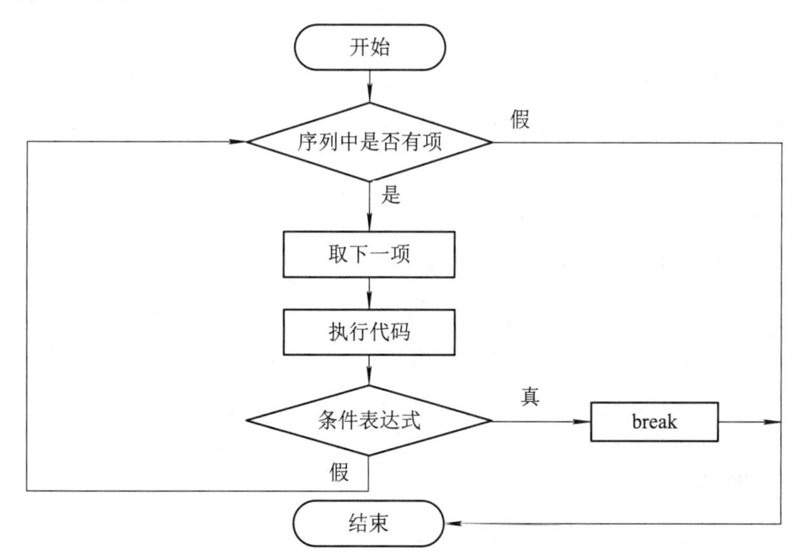


图 3-7　在 for 语句中使用 break 语句流程图

**例**：使用 for 循环遍历字符串“helloworld”，如果当前迭代对象等于字符“o”则中断 for 循环。代码如下所示：

```
name = "helloworld"
for word in name:
    print ("-------")
    if (word == ('o')):
        break
    print(word)
```

上述代码的执行结果为：

```
-------
h
-------
e
-------
l
-------
l
-------
```

### 3.5.2　continue 语句

continue 语句的作用没有 break 语句强大，它只能终止本次循环而提前进入下一次循环中。就像在赛车比赛中，预计在轨道上跑十圈，但第二圈时赛车出现故障，于是停下来进行维修，修好后回到起点从第三圈继续。continue 的语句语法比较简单，只需要在相应的 while 或 for 语句中加入即可。

continue 语句一般会与 if 语句搭配使用，表示在某种条件下，跳过当前循环的剩余语句，然后继续进行下一轮循环。如果使用嵌套循环，continue 语句将只跳过当前循环中的剩余语句。

#### 1. 在 while 语句中使用 continue 语句

在 while 语句中使用 continue 语句的形式如下：

```
while    条件表达式 1：
    执行代码块 1
    if  条件表达式 2：
        continue
    执行代码块 2
```

其中，条件表达式 2 用于判断什么时候调用 continue 语句跳出循环。在 while 语句中使用 continue 语句的流程图如图 3-8 所示。

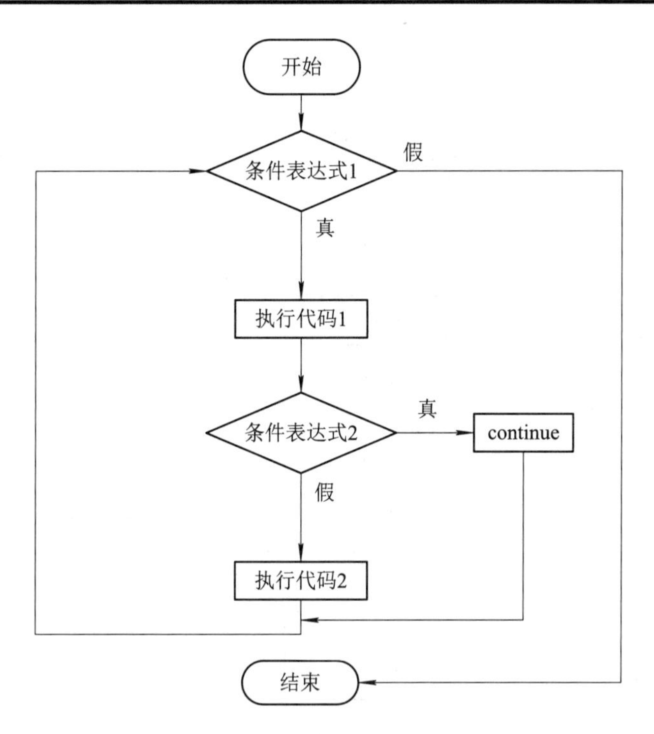


图 3-8　在 while 语句中使用 continue 语句的流程图

**例**：使用 while 语句求 1 到 10 的偶数和，代码如下所示：

```
i=1
sum=0
while i<=10:
    if i%2!=0:
        i+=1
        continue
    sum+=i
    i+=1
print("区间[1, 10]的偶数和为：", sum)
```

上述代码的执行结果为：

```
区间[1, 10]的偶数和为：30
```

### 2. for 语句中使用 continue 语句

在 for 语句中使用 continue 语句的形式如下：

```
for   迭代变量   in   对象：
    if   条件表达式：
        continue
    执行代码块
```

其中，条件表达式用于判断什么时候调用 continue 语句跳出循环。在 for 语句中使用 continue 语句的流程如图 3-9 所示。

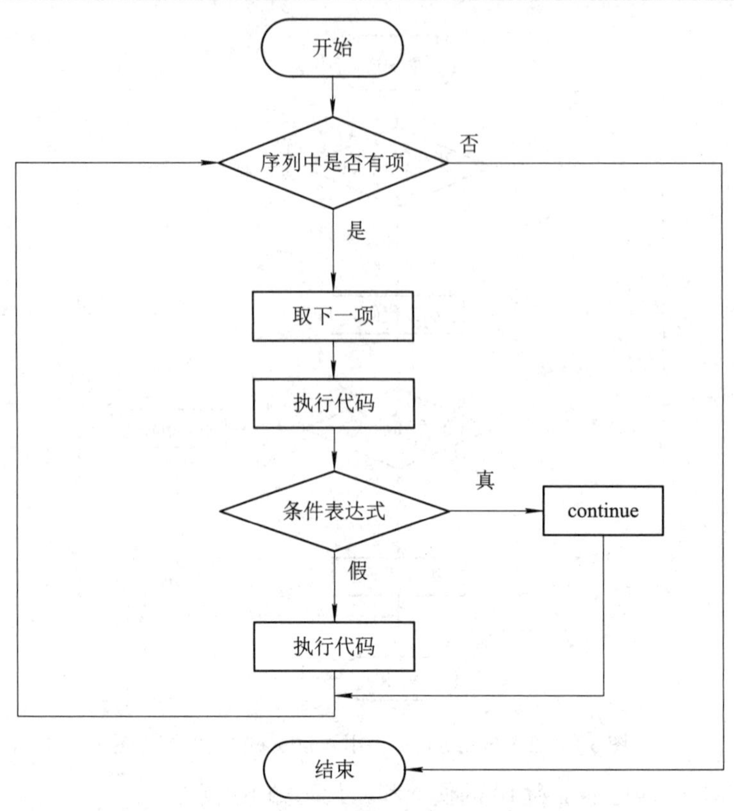


图 3-9　在 for 语句中使用 continue 语句的流程图

**例**：使用 for 语句从列表中找出所有的正数，代码如下所示：

```
for element in    [0, -2, 5, 7, -10]:
    if element <=0:
        continue
    print(element)
```

上述代码的执行结果为：

```
5
7
```

上述代码中遍历列表[0，−2，5，7，−10]中的所有元素，每取出一个元素就判断该元素的值是否小于或等于 0，当值小于或等于 0 时执行 if 语句中的 continue 语句，直接跳出本次循环，忽略剩下的循环语句，开始遍历列表中的下一个元素进行判断，直至取出所有的元素为止。

## 任务 3.6　实 践 活 动

### 实践 3.1　敲 7 游戏

敲 7 游戏的规则是：从 1 开始顺序数数，数到以 7 结尾或者包含 7 的倍数的时候敲桌子。本实践要求编写程序，模拟实现敲七游戏，输出 100 以内需要敲桌子的数字。

### 1. 实践分析

编程思路如下：

(1) 循环遍历区间[1, 100]的数字；

(2) 判断当前数字是否能被 7 整除，如果能被 7 整除则打印输出，并跳出当前循环进入下一个数判断；否则判断该数是否以 7 结尾，如果该数以 7 结尾，则打印输出，并跳出当前循环进入下一个数判断。

### 2. 代码实现

本实践的具体实现代码如下所示：

```
total = 0                                      # 记录敲桌子次数的变量
for number in range(1, 101):                   # 创建一个从 1 到 100 的循环
    if number % 7 ==0:                         # 判断是否为 7 的倍数
        print(number, end = '    ')            # 打印需要敲桌子的数字
        total += 1                             # 敲桌子次数加 1
        continue                               # 继续下一次循环
    else:
        string = str(number)                   # 将数值转换为字符串
        if string.endswith('7'):               # 判断是否以数字 7 结尾
            print(number, end = '   ')         # 打印需要敲桌子的数字
            total += 1                         # 敲桌子次数加 1
            continue                           # 继续下一次循环
print("从 1 数到 100 共敲桌子", total, "次。")   # 显示敲桌子次数
```

上述代码的执行结果为：

```
    7    14    17  21    27  28    35    37  42    47  49    56    57  63    67  70    77    84    87
91    97  98    从 1 数到 100 共敲桌子 22 次。
```

## 实践 3.2　打印金字塔

打印出 10 行的￥金字塔。

### 1. 实践分析

本实践的编程思路是：在程序的第 i 行，打印(2i-1)个(￥)号，并在之前空出 10-i 个格，共打印 10 行。

### 2. 代码实现

本实践的具体实现代码如下所示：

```
for i in range(1, 11):
        print(' '*(10-i)+'￥'*(2*i-1))
```

上述代码的执行结果为：

```
         ￥
        ￥￥￥
       ￥￥￥￥￥
      ￥￥￥￥￥￥￥
     ￥￥￥￥￥￥￥￥￥
    ￥￥￥￥￥￥￥￥￥￥￥
   ￥￥￥￥￥￥￥￥￥￥￥￥￥
  ￥￥￥￥￥￥￥￥￥￥￥￥￥￥￥
 ￥￥￥￥￥￥￥￥￥￥￥￥￥￥￥￥￥
￥￥￥￥￥￥￥￥￥￥￥￥￥￥￥￥￥￥￥
```

## 巩 固 练 习

### 一、选择题

1. 下列选项中，运行后会输出 1、2、3 的是(　　)。

A.
```
for i in range(3):
    print(i)
```

B.
```
for i in range(2):
    print(i + 1)
```

C.
```
nums = [0, 1, 2]
for i in nums:
    print(i + 1)
```

D.
```
i = 1
while i< 3:
    print(i)
    i = i + 1
```

2. 运行下列代码，控制台中显示的结果是(　　)。

```
sum = 0
for i in range(100):
    if(i % 10):
        continue
    sum = sum + i
print(sum)
```

A. 5050　　B. 4950　　C. 450　　D. 45

3. 已知 x = 10, y = 20, z = 30; 运行下列代码执行后，x、y、z 的值分别为(　　)。

```
if x < y:
    z = x
    x = y
    y = z
```

A. 10，20，30　　B. 10，20，20

C. 20，10，10　　D. 20，10，30

4. 已知x与y的关系如表3-2所示，下列选项中，可以正确地表达x与y之间关系的是(　　)。

**表3-2　x与y的关系**

| x | y |
|---|---|
| x<0 | x-1 |
| x=0 | x |
| x>0 | x+1 |

A.
```
y = x + 1
if  x>= 0:
    if x == 0:
        y = x
    else:
        y = x – 1
```

B.
```
y = x - 1
if x! = 0:
    if x > 0:
        y = x + 1
    else:
        y = x
```

C.
```
if x <= 0:
    if x < 0:
        y = x - 1
    else:
        y = x
else:
    y = x + 1
```

D.
```
y = x
if x <= 0:
    if x < 0:
        y = x - 1
    else:
        y = x + 1
```

5. 下列语句中，可以跳出循环结构的是(　　)。

A. continue　　B. break　　C. if　　D. while

## 二、填空题

1. ________________语句是最简单的条件语句。
2. Python中的循环语句有________________和________________循环。
3. 若循环条件的值变为____________________，说明程序进入无限循环。
4. ________________循环一般用于实现遍历循环。
5. ________________语句可以跳出本次循环，执行下一次循环。

## 三、判断题

1. if-else语句可以处理多个分支条件。　(　　)
2. if语句不支持嵌套使用。　(　　)
3. elif可以单独使用。　(　　)
4. break语句用于结束当前循环。　(　　)
5. for循环只能遍历字符串。　(　　)

## 四、简答题

1. 简述break和continue的区别。
2. 简述while和for语句的区别。

**五、编程题**

1. 编写程序，实现利用 while 循环输出 100 以内偶数。
2. 编写程序，实现判断用户输入的数是正数还是负数。
3. 编写程序，实现输出 100 以内的质数。

# 项目 4　组合数据结构

Python 中的组合类型包括序列类型、集合类型和映射类型。序列是 Python 中最基本的数据结构。Python 有 6 个序列的内置类型，但最常见的是列表和元组。集合类型类似于数学中的集合。映射类型最常见的就是字典。

**知识目标：**

(1) 掌握列表的创建与访问列表元素的方式。
(2) 掌握列表的遍历和排序。
(3) 掌握添加、删除、修改列表元素的方式。
(4) 熟悉嵌套列表的使用。
(5) 掌握元组的创建与访问元组元素的方式。
(6) 掌握字典的创建和访问元素的方式。
(7) 掌握字典的基本操作。
(8) 掌握集合的创建和常见操作。
(9) 了解集合操作符的使用。

**思政目标：**

(1) 通过学习各种数据类型范围，使学生理解做任何事情都要知道深浅，有一定的做人的标准，遵循一定的规则。

(2) 通过组合数据类型的学习，让学生知道个体和集体的关系，深刻体会“一荣俱荣、一损俱损”的道理。只有每个人都努力发光发热，集体才有能量爆发。

(3) 物以类聚，人以群分，潜移默化灌输生活中的处事哲理。

## 任务 4.1　列　　表

### 4.1.1　列表的创建方式

列表是最常用的 Python 数据类型。列表的数据项可以是相同的数据类型，也可以是不同的数据类型。创建一个列表，只要把逗号分隔的不同的数据项使用方括号括起来即可。

示例代码如下所示：

```
list1 = ['Sohu', 'Baidu', 2022, 2023]              #列表中的元素类型不同
list2 = [2019, 2020, 2021, 2022, 2023]             #列表中的元素均为整型
list3 = ['abc', 'efg', 'xyz', '123']               #列表中的元素类型均为字符串类型
print(list1)
print(list2)
print(list3)
```

上述代码的执行结果为：

```
['Sohu','Baidu', 2022, 2023]
[2019, 2020, 2021, 2022, 2023]
['abc', 'efg', 'xyz', '123']
```

### 4.1.2　列表的遍历和访问

#### 1. 列表的遍历

遍历列表可以逐个处理列表中的元素，通常使用 for 循环和 while 循环来实现。

1) 使用 for 循环遍历列表

使用 for 循环遍历列表只需将要遍历的列表作为 for 循环表达式中的序列即可。示例代码如下所示：

```
website_list = ['Baidu', 'Sohu', 'Sina']
for website in website_list:
    print(website)
```

上述代码的执行结果为：

```
Baidu
Sohu
Sina
```

2) 使用 while 循环遍历列表

使用 while 语句遍历列表时，需要先获取列表的长度，将获取到的列表长度作为 while 循环的条件。示例代码如下所示：

```
website_list = ['Baidu', 'Sohu', 'Sina']
length = len(website_list)
i = 0
while i< length:
    print(website_list[i])
    i+=1
```

上述代码的执行结果为：

```
Baidu
Sohu
Sina
```

2. 列表元素的访问

1) 使用下标索引来访问列表中的值

与字符串的索引一样，列表索引从 0 开始，第二个索引是 1，依此类推。示例代码如下所示：

```
Website_list = ['Taobao', 'Baidu', 'Sina', '163', 'Sohu', 'Yahoo']
print(Website_list[1])
print(Website_list[3])
print(Website_list[5])
```

上述代码的执行结果为：

```
Baidu
163
Yahoo
```

索引也可以从尾部开始，最后一个元素的索引为 -1，往前一位为 -2，以此类推。示例代码如下所示：

```
Website_list = ['Taobao', 'Baidu', 'Sina', '163', 'Sohu', 'Yahoo']
print(Website_list[-5])
print(Website_list[-3])
print(Website_list[-1])
```

上述代码的执行结果为：

```
Baidu
163
Yahoo
```

2) 使用方括号[]的形式截取字符

示例代码如下所示：

```
number = [100, 200, 300, 400, 500, 600, 700, 800, 900]
print(number[1:5])
#此代码指从下标为 1 的元素开始(包含)截取到下标为 5 的元素(不包含)
```

上述代码的执行结果为：

```
[200, 300, 400, 500]
```

### 4.1.3 列表元素的常见操作

1. 在列表中添加元素

1) append()方法

append()方法用于向列表的末尾添加新的元素。示例代码如下所示：

```
list1 = ['Sina', 'Runoob', 'Sohu']
list1.append('Baidu')
print ("更新后的列表 : ", list1)
```

上述代码的执行结果为：

```
更新后的列表 :  ['Sina', 'Runoob', 'Sohu', 'Baidu']
```

2) extend()方法

extend()方法可以将一个列表中的元素全部添加到另一个列表的末尾。示例代码如下所示：

```
list1 = ['Sina', 'Runoob', 'Sohu']
list2 = ['Baidu', 'Taobao', '163']
list1.extend(list2)
print(list1)
print(list2)
```

上述代码的执行结果为：

```
['Sina', 'Runoob', 'Sohu', 'Baidu', 'Taobao', '163']
['Baidu', 'Taobao', '163']
```

3) insert()方法

insert()方法用于将元素插入到列表的指定位置。示例代码如下所示：

```
list1 = ['Sina', 'Runoob', 'Sohu']
list1.insert(1, 'Baidu')
print(list1)
```

上述代码的执行结果为：

```
['Sina', 'Baidu', 'Runoob', 'Sohu']
```

### 2. 修改列表元素

修改列表中的元素就是通过索引获取元素并对元素进行重新赋值。示例代码如下所示：

```
list = ['Google', 'Runoob', 1997, 2000]
print ("第三个元素为 : ", list[2])
list[2] = 2001
print ("更新后的第三个元素为 : ", list[2])
```

上述代码的执行结果为：

```
第三个元素为：1997
更新后的第三个元素为：2001
```

### 3. 查找列表元素

通过 Python 中的成员运算符 in 和 not in 可以检查某个元素是否存在于列表中。

in：若元素存在于列表中，则返回 True，否则返回 False。not in 与 in 相反。示例代码如下所示：

```
list1 = ['Sina', 'Runoob', 'Sohu']
netName = input('请输入网站名称：')
if netName in list1:
    print("有这个网站")
else:
    print("无这个网站")
```

运行程序，屏幕显示“请输入网站名称：”，这时输入“Sina”，则打印“有这个网站”。上述代码的执行结果为：

```
请输入网站名称：Sina
有这个网站
```

### 4. 删除列表元素

1) del *方法*

可以使用 del 语句来删除列表中指定下标的元素。示例代码如下所示：

```
list = ['Google', 'Runoob', 1997, 2000]
print ("原始列表 : ", list)
del list[2]
print ("删除第三个元素 : ", list)
```

上述代码的执行结果为：

```
原始列表 :  ['Google', 'Runoob', 1997, 2000]
删除第三个元素 :  ['Google', 'Runoob', 2000]
```

2) pop()*方法*

使用 pop()方法可以删除列表的最后一个元素。示例代码如下所示：

```
list = ['Google', 'Runoob', 'Baidu', 'Sina']
print ("原始列表 : ", list)
list.pop()
print ("操作后列表: ", list)
```

上述代码的执行结果为：

```
原始列表 :  ['Google', 'Runoob', 'Baidu', 'Sina']
操作后列表 :  ['Google', 'Runoob', 'Baidu']
```

3) remove()*方法*

使用 remove()方法可以删除列表的指定元素。示例代码如下所示：

```
list = ['Google', 'Runoob', 'Baidu', 'Sina']
print ("原始列表 : ", list)
list.remove('Runoob')
print ("操作后列表 : ", list)
```

上述代码的执行结果为：

```
原始列表 :  ['Google', 'Runoob', 'Baidu', 'Sina']
操作后列表 :  ['Google', 'Baidu', 'Sina']
```

### 5. 列表的排序操作

1) reverse()*方法*

reverse()方法用于将列表中的元素倒序排列。示例代码如下所示：

```
list = ['Google', 'Runoob', 'Baidu', 'Sina']
print ("原始列表 : ", list)
list.reverse()
```

```
print ("操作后列表 : ", list)
```

上述代码的执行结果为：

```
原始列表 :  ['Google', 'Runoob', 'Baidu', 'Sina']
操作后列表 :  ['Sina', 'Baidu', 'Runoob', 'Google']
```

2) sort()方法

sort()方法的语法为：sort(key=None, reverse=False)。其中，参数 key 表示指定的排序规则，可以是大小，长度等；reverse 的值为 True 时，表示降序排列；Reverse 的值为 False 时，表示升序排列。示例代码如下所示：

```
list = [1, 11, 6, 9]
list.sort()
print ("原始列表 : ", list)
list.sort(reverse=True)
print ("操作后列表 : ", list)
```

上述代码的执行结果为：

```
原始列表 :  [1, 6, 9, 11]
操作后列表 :  [11, 9, 6, 1]
```

# 任务 4.2　元　　组

## 4.2.1　元组的创建方式

Python 的元组与列表类似，不同之处在于元组的元素不能修改。元组使用小括号 ( )，列表则使用方括号[ ]。

元组创建很简单，只需要在括号中添加元素，并使用逗号隔开即可。示例代码如下所示：

```
Tuple1 = tuple('Sohu', 'Sina', 'Baidu', '163')
Tuple2 = tuple('a', 1, 5.6 )                #元组中元素类型不同
Tuple3 = tuple( )                           #创建一个空元组
print(type(Tuple1))
print(type(Tuple2))
print(type(Tuple3))
```

上述代码的执行结果为：

```
('Sohu', 'Sina', 'Baidu', '163')
('a', 1,5.6)
( )
```

## 4.2.2　访问元组元素

元组与字符串类似，下标索引从 0 开始，可以进行截取、组合等操作。

1) 使用索引访问单个元素

元组可以使用下标索引来访问元组中的值，示例代码如下所示：

```
tup1 = ('Baidu', 'Sina', 2022, 2023)
print ("tup1[0]: ", tup1[0])
print ("tup1[1]: ", tup1[1])
print ("tup1[2]: ", tup1[2])
print ("tup1[3]: ", tup1[3])
```

上述代码的执行结果为：

```
tup1[0]:   Baidu
tup1[1]:   Sina
tup1[2]:   2022
tup1[3]:   2023
```

2) 使用切片访问元组元素

示例代码如下所示：

```
tup2 = (1, 2, 3, 4, 5, 6, 7 )
print ("tup2[1:5]: ", tup2[1:5])
print ("tup2[2:5]: ", tup2[2:5])
print ("tup2[1:4]: ", tup2[1:4])
print ("tup2[:4]: ", tup2[:4])
```

上述代码的执行结果为：

```
tup2[1:5]:   (2, 3, 4, 5)
tup2[2:5]:   (3, 4, 5)
tup2[1:4]:   (2, 3, 4)
tup2[:4]:   (1, 2, 3, 4)
```

# 任务 4.3　字　　典

字典是映射类型，可存储任意类型的对象。

## 4.3.1　字典的常见操作

### 1. 字典的创建

1) 使用{}创建字典

字典的每个键值对 key/value 用冒号“:”分隔，每对之间用逗号“，”分隔，整个字典包括在花括号 {} 中，格式如下所示：

```
d = {key1 : value1, key2 : value2, key3 : value3 }
```

其中，字典的键必须是唯一的，但值则不是。值可以取任何数据类型，如字符串、数字等。

一个简单的字典实例如下所示：

```
tinydict = {'Name': 'Zhangsan', 'Gender': 'Male' , 'Age': 23}
```

2) 使用内建函数 dict() 创建字典

示例代码如下所示：

```
Dict = dict(Name= 'Zhangsan', Gender='Male' , Age= 23)
print(Dict)                                    #打印字典
print("Length:", len(Dict))                    #查看字典的数量
print(type(Dict))                              #查看类型
```

上述代码的执行结果为：

```
{'Name': 'Zhangsan', 'Gender': 'Male', 'Age': 23}
Length: 3
<class 'dict'>
```

### 2. 根据键访问值

可以通过键获取对应的值，示例代码如下所示：

```
tinyDict = {'Name': 'Ligang', 'Age': 47, 'Gender': 'Male'}
print ("tinyDict['Name']: ", tinyDict['Name'])
print ("tinyDict['Age']: ", tinyDict['Age'])
```

上述代码的执行结果为：

```
tinyDict['Name']:   Ligang
tinyDict['Age']:   47
```

如果用字典里没有的键访问数据，会输出错误。示例代码如下所示：

```
tinyDict = {'Name': 'Ligang', 'Age': 47, 'Gender': 'Male'}
print ("tinyDict['Address']: ", tinyDict['Address'])
```

上述代码的执行结果为：

```
File "d:/ex0422.py", line 2, in <module>
    print ("tinyDict['Address']: ", tinyDict['Address'])
KeyError: 'Address'
```

### 3. 添加字典元素

可以通过下标的形式添加字典元素，示例代码如下所示：

```
dict = {'Name': 'Ligang', 'Age': 47, 'Gender': 'Male'}
dict['Address'] = 'Anhui'
print (dict)
```

上述代码的执行结果为：

```
{'Name': 'Ligang', 'Age': 47, 'Gender': 'Male', 'Address': 'Anhui'}
```

### 4. 修改字典元素

向字典添加新内容的方法是增加新的键/值对、修改已有键/值对。示例代码如下所示：

```
dict = {'Name': 'Ligang', 'Age': 47, 'Gender': 'Male'}

dict['Age'] = 48                         #修改 Age
```

```
dict['Name'] = "Zhaoyan"                #修改 Name
dict['Gender'] = "Female"               #修改 Gender

print ("dict['Age']: ", dict['Age'])
print ("dict['Name']: ", dict['Name'])
print ("dict['Gender']: ", dict['Gender'])
```

上述代码的执行结果为：

```
dict['Age']:  48
dict['Name']:  Zhaoyan
dict['Gender']:  Female
```

### 4.3.2 字典元素的删除

#### 1. 使用 del 删除字典元素

del dicts[key]：删除字典中的某个键值对。示例代码如下所示：

```
dicts = {'Name': 'Ligang', 'Age': 47, 'Gender': 'Male', 'Address': 'Anhui'}
del  dicst ['Age']                      #删除键 'Name'
print (dicts)
```

上述代码的执行结果为：

```
{'Name': 'Ligang', 'Gender': 'Male', 'Address': 'Anhui'}
```

#### 2. 使用 pop()方法删除字典中指定的元素

dict.pop(key, default)：当键存在则返回相应的值，同时删除此键值对，否则返回默认值。示例代码如下所示：

```
dict = {'Name': 'Ligang', 'Age': 47, 'Gender': 'Male', 'Address': 'Anhui'}
print(dict.pop('Name'))
#使用 pop() 删除指定键为 'Name' 的元素，并打印键值
print (dict)
print(dict.pop("tel", "没有键值为 tel 的项"))
print(dict)
```

上述代码的执行结果为：

```
Ligang
{'Age': 47, 'Gender': 'Male', 'Address': 'Anhui'}
没有键值为 tel 的项
{'Age': 47, 'Gender': 'Male', 'Address': 'Anhui'}
```

#### 3. 使用 clear 删除字典元素

示例代码如下所示：

```
dict = {'Name': 'Ligang', 'Age': 47, 'Gender': 'Male'}
dict.clear()                            #清空字典
print (dict)
```

上述代码的执行结果为：

```
{}
```

### 4.3.3　字典元素的查询

#### 1. 查看字典的所有元素

使用 items()方法查看字典的所有元素。示例代码如下所示：

```
dict = {'Name': 'Ligang', 'Age': 47, 'Gender': 'Male', 'Address': 'Anhui'}
for i in dict.items():
    print(i)
```

上述代码的执行结果为：

```
('Name', 'Ligang')
('Age', 47)
('Gender', 'Male')
('Address', 'Anhui')
```

#### 2. 查看字典中的所有键

使用 keys()方法查看字典中的所有键。示例代码如下所示：

```
dict = {'Name': 'Ligang', 'Age': 47, 'Gender': 'Male', 'Address': 'Anhui'}
for i in dict.keys():
    print(i)
```

上述代码的执行结果为：

```
Name
Age
Gender
Address
```

## 任务 4.4　集　　合

集合是无序组合，它的概念及操作与数学中的集合相似。

### 4.4.1　集合的创建及其常见操作

#### 1. 创建集合

使用 set 函数创建集合，示例代码如下所示：

```
animal = {'Eagle', 'Elephant', 'Leopard', 'Crocodile'}
print(animal)
a = set('Tiger')
b = set([1, 2, 3, 8])
print(a)
```

```
print(b)
```

上述代码的执行结果为：

```
{'Leopard', 'Eagle', 'Elephant', 'Crocodile'}
{'i', 'g', 'T', 'e', 'r'}
{8, 1, 2, 3}
```

### 2. 集合的常见操作

Python 中集合的常见操作有：

- s.add(x)：添加 x 到集合 s 中。
- s.remove(x)：如果 x 在集合 s 中，则移除该元素；如果 x 不在集合 s 中时，则会产生 KeyError 异常。
- s.discard(x)：如果 x 在集合 s 中，则移除该元素；如果 x 不在集合 s 中时，则不产生异常。
- s.pop()：随机删除集合 s 中的一个元素。
- len(s)：返回集合 s 中的元素个数。
- s.clear()：清除集合 s 中的所有元素。

(1) 进行集合元素的添加及删除操作，示例代码如下所示：

```
animal = {'Eagle', 'Elephant', 'Leopard', 'Crocodile'}
print(animal)
animal.add('Tiger')
print(animal)
animal.remove('Crocodile')
print(animal)
```

上述代码的执行结果为：

```
{'Crocodile', 'Eagle', 'Leopard', 'Elephant'}
{'Tiger', 'Elephant', 'Eagle', 'Crocodile', 'Leopard'}
{'Tiger', 'Elephant', 'Eagle', 'Leopard'}
```

(2) 使用 remove()删除非集合中的元素，示例代码如下所示：

```
a = set('Tiger')
a.remove('k')
print(a)
```

上述代码的执行结果为：

```
File "f:/2022first/ set04.py", line 3, in <module>
a.remove('k')
KeyError: 'k'
```

(3) 当使用 discard 函数时，可删除指定的元素，若指定的元素不存在，则该方法不执行任何操作。示例代码如下所示：

```
a = set('Elephant')
a.discard('k')
```

```
a.discard('a')
print(a)
```

上述代码的执行结果为：

```
{'E', 'p', 't', 'e', 'n', 'h', 'l'}
```

(4) 进行集合的常见操作，示例代码如下所示：

```
b = set([1, 2, 3, 8])
print(b)
print(len(b))
b.remove(2)
print(b)
print(len(b))
b.clear()
print(b)
print(len(b))
```

上述代码的执行结果为：

```
{8, 1, 2, 3}
4
{8, 1, 3}
3
set()
0
```

### 4.4.2 集合类型的操作符

Python 支持通过操作符 |、&、-、^ 对集合进行联合、取交集、差补和对称差分操作。已知有 set_a={'a', 'c'}和 set_b={'b', 'c'}，使用阴影部分表示这两个集合执行联合、交集、差补和对称差分操作的结果如图 4-1 所示。

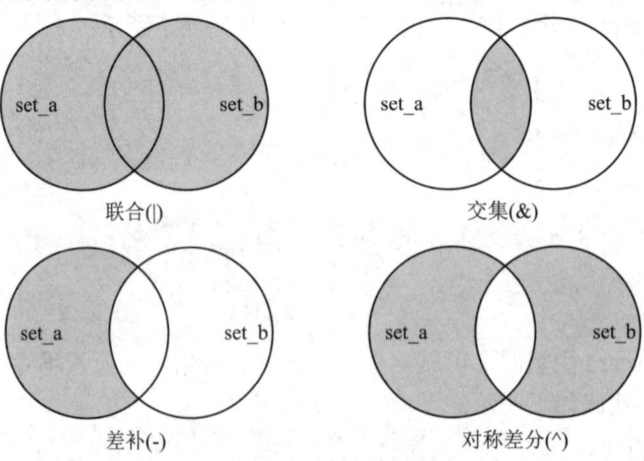


图 4-1 两个集合的相互操作

下面我们分别对集合的四种操作符进行介绍。

### 1. 联合操作符(|)

联合操作是将集合 set_a 与集合 set_b 合并成一个新的集合。使用“|”符号来实现。例如：

```
set_a={'a', 'c'}
set_b={'b', 'c'}
print(set_a|set_b)                    #使用“|”操作符合并两个集合
```

程序运行结果：

```
{'c', 'a', 'b'}
```

### 2. 交集操作符(&)

交集操作是将集合 set_a 与集合 set_b 中相同的元素提取为一个新集合。使用“&”符号来实现。例如：

```
set_a={'a', 'c'}
set_b={'b', 'c'}
print(set_a&set_b)                    #使用“&”操作符获取两个集合共有的元素
```

程序运行结果：

```
{'c'}
```

### 3. 差补操作符(-)

差补操作是保留只属于集合 set_a 或者只属于集合 set_b 的元素作为一个新的集合。使用“-”符号来实现。例如：

```
set_a={'a', 'c'}
set_b={'b', 'c'}
print(set_a-set_b)                    #使用“-”操作符获取只属于集合 set_a 的元素
print(set_b-set_a)                    #使用“-”操作符获取只属于集合 set_b 的元素
```

程序运行结果：

```
{'a'}
{'b'}
```

### 4. 对称差分操作符(^)

对称差分操作是将只属于集合 set_a 与只属于集合 set_b 的元素组成一个新集合。使用“^”符号来实现。例如：

```
set_a={'a', 'c'}
set_b={'b', 'c'}
print(set_a^set_b)                    #使用“^”操作符获取只属于 set_a 和只属于 set_b 的元素
```

程序运行结果：

```
{'b', 'a'}
```

# 任务 4.5 实践活动

## 实践 4.1 天龙八部

天龙八部，佛教术语，天龙八部都是“非人”，包括八种神道怪物，因为“天众”及“龙众”最为重要，所以称为“天龙八部”。八部包括：天众、龙众、夜叉、乾达婆、阿修罗、迦楼罗、紧那罗、摩呼罗迦。

本实践要求编写程序，随机输入 1 至 8 中间的一个数字，输出这个数字在八部中对应的部分。

### 1. 实践分析

本实践的编程思路如下：

(1) 创建一个代表天龙八部的数组，该数组中共有 8 个字符串类型的元素；

(2) 提示并接收用户输入的天龙八部的编号(1～8)；

(3) 根据编号对应的索引访问数组元素并输出。注意，为保证程序的健壮性，避免因用户输入无效编号而导致的越界异常，这里应添加判断编号是否有效的处理代码：若用户输入有效的编号，则提示相应的兑奖信息，否则提示“输入的位置不合规”。

### 2. 代码实现

本实践的具体实现代码如下所示：

```
Tianlongbabu = ["天众", "龙众", "夜叉", "乾达婆", "阿修罗", "迦楼罗", "紧那罗", "摩呼罗迦"]
for tl in Tianlongbabu:
    #输出列表内容 每次输出后以空格分割开
    print(tl, end=' ')
print('\n====天龙八部:====')                  #换行输出内容


num = int(input("请输入代号(1~8)："))
if 1 <= num <= 8:
    info = Tianlongbabu [num - 1]
    print(f"{info}")
else:
    print("输入的位置不合规！")
```

以上代码首先定义了包含 8 个字符串的列表 Tianlongbabu，然后使用 input()函数接收用户输入的天龙八部的代号，并将其保存到变量 num 中，最后使用 if-else 语句处理了 num 不同值的情况：若 num 值大于 0 且小于列表 Tianlongbabu 的长度，访问并打印列表 Tianlongbabu 中索引 num-1 对应的元素，否则就打印“输入的位置不合规”。

### 3. 代码测试

运行程序，在控制台输入“1”之后的运行结果如下所示：

```
请输入代号(1~8)：1
天众
```

## 实践 4.2　欧冠决赛

2021—2022 赛季欧洲冠军联赛是由欧洲足球联合会主办的第 67 届欧洲足球俱乐部的顶级赛事，也是更名为欧洲冠军联赛以来的第 30 届赛事。

2021—2022 赛季欧洲冠军联赛于 2021 年 6 月 22 日拉开战幕，决赛于 2022 年 5 月 28 日在圣彼得堡的圣彼得堡体育场举行。

2022 年 2 月 25 日，欧足联宣布欧冠决赛主场从俄罗斯圣彼得堡球场移至法国法兰西体育场。最终由皇家马德里队夺得了欧冠冠军奖杯。

本实践要求编写程序，打印出半决赛和决赛的场次、主队和客队名单、比赛时间、比分，根据输入比赛场次，可以查看比赛时间、对阵双方及比分情况。

### 1. 实践分析

经过分析，本实例的编程思路如下：

(1) 创建一个存放比赛场次的列表；

(2) 创建一个存放主队-客队名单的列表；

(3) 创建一个存放比赛时间的列表；

(4) 创建一个存放比分的列表；

(5) 创建一个用于判断用户输入观看场次的函数；

(6) 根据用户输入观看场次返回对应场次的信息，如果该场次不存在则提示用户再次输入。

### 2. 代码实现

本实践的具体实现代码如下所示：

```
def check_session(string):
    # 检查输入的场次是否包含在场次列表中
    if string in Session_Competition:
        # 包含在场次列表中，则退出方法
        return string
    else:
        # 输入的场次不包含在场次列表中，提示用户再次输入
        x = input("没有该场次，请重新输入要观看的场次：")
        # 检查输入的场次是否包含在场次列表中
        return check_session (x)
type=['场次', '主队-客队', '比赛时间' , '比分']
# 创建一个存放比赛场次的列表
Session_Competition=['1', '2', '3', '4', '5']
# 创建一个存放主队-客队名单的列表
```

```
HomeTeam_AwayTeam=['切尔西-皇家马德里', '皇家马德里-切尔西', '曼城-皇家马德里', '皇家马德里-曼城', '利物浦-皇家马德里']
# 创建一个存放比赛时间的列表
Competition_time=['2022-04-07:03:00', '2022-04-13:03:00', '2022-04-27:03:00', '2022-05-05:03:00', '2022-05-29:03:00']
# 创建一个存放比分的列表
Score=['1:3', '2:3', '4:3', '3:1', '0:1']
# 输出比赛场次、主队-客队、比赛时间、比分等信息
print('{}          {}              {}              {}'.format(type[0], type[1], type[2], type[3]))
print('{}        {}          {}          {}'.format(Session_Competition[0], HomeTeam_AwayTeam[0], Competition_time[0], Score[0]))
print('{}        {}          {}          {}'.format(Session_Competition[1], HomeTeam_AwayTeam[1], Competition_time[1], Score[1]))
print('{}        {}          {}          {}'.format(Session_Competition[2], HomeTeam_AwayTeam[2], Competition_time[2], Score[2]))
print('{}        {}          {}          {}'.format(Session_Competition[3], HomeTeam_AwayTeam[3], Competition_time[3], Score[3]))
print('{}        {}          {}          {}'.format(Session_Competition[4], HomeTeam_AwayTeam[4], Competition_time[4], Score[4]))
# 提示用户输入场次
session_number=input("请输入要观看的场次：")
# 检查输入的场次是否包含在列表中，接收正确的场次
session_number = check_session(session_number)
i = int(session_number)-1
# 提示输入观看人信息
audience = input("请输入观看人：")
print('尊敬的'+audience +'你已选择第'+ session_number +'场比赛，' + Competition_time[i]+'开始，对阵双方为 '+ HomeTeam_AwayTeam[i]+'  比分为  '+ Score[i]+'  祝您愉快。')
```

### 3. 代码测试

运行程序，在控制台中出现场次，这时我们需要输入观看场次，然后输入观看人信息，点击回车，最后显示出结果如下所示：

```
场次        主队-客队              比赛时间              比分
1       切尔西-皇家马德里        2022-04-07:03:00        1:3
2       皇家马德里-切尔西        2022-04-13:03:00        2:3
3       曼城-皇家马德里          2022-04-27:03:00        4:3
4       皇家马德里-曼城          2022-05-05:03:00        3:1
5       利物浦-皇家马德里        2022-05-29:03:00        0:1
请输入要观看的场次：5
```

请输入观看人：Miss Lin

尊敬的 Miss Lin 你已选择第 5 场比赛，2022-05-29:03:00 开始，对阵双方为利物浦-皇家马德里比分为 0:1 祝您愉快。

## 实践 4.3　单词识别

十二个月的英文名称为：一月 January，二月 February，三月 March，四月 April，五月 May，六月 June，七月 July，八月 August，九月 September，十月 October，十一月 November，十二月 December。这些单词的首字母有些相同，如四月 April 和八月 August，有些不相同，如九月 September 和十二月 December。

本实践要求编写程序，根据第一或第二，最多第三个字母，能够判断并输出十二个月的完整单词。

### 1. 实践目标

(1) 熟练地创建字典。

(2) 熟练地通过键访问字典中的值。

### 2. 实践分析

本实践的完整单词包含 12 个，分别是 January、February、March、April、May、June、July、August、September、October、November、December。其中，February、September、October、November、December 能根据首字母判断；April、August 需根据用户连续输入两次字母才能进一步判断；March、May 需要输入第三个字母才能判断；January、June、July，当输入第二个字母时，可判断是 January 还是 June、July 中的某一个，如果是 June 或 July，需要再输入第三个字母才能判定。具体规则如下：

(1) 若用户第一次输入的字母为“f”“F”“s”“S”“o”“O”“n”“N”“d”“D”，则直接返回“February”“September”“October”“November”“December”；

(2) 若用户第一次输入“m”，需要再输入第 2 个字母进行判断，输入“a”则继续执行，否则显示错误，接下来再输入第三个字母，输入“y”则返回“May”，输入“r”则返回“March”；

若用户第一次输入“j”，需要再输入第 2 个字母进行判断，输入“a”则返回“January”，输入“u”则需要输入第三个字母，输入“l”返回“July”，输入“n”则返回“June”；

若用户第一次输入其他字母，则提示用户“请输入正确的字母”。

从以上分析可知，第一个或第二个字母最多第三个字母可以作为获取完整单词的键，因此创建一个包含 8 个键值对的字典，其中，键“f”“s”和“o”“n”“d”对应的值为“February”“September”和“October”“November”“December”；

键“m”和“a”对应的值是字典{'y': 'May', 'r': 'March'}和{'p': 'April', 'u': 'August'}；键“j”对应的值是字典{'a': 'January', 'u': june_or_july }；键“u”对应的值是字典{'n': 'June', 'l': 'July' }。

### 3. 代码实现

本实践的实现代码如下：

```
june_or_july = {'n': 'June', 'l': 'July'}
janu_or_ju = {'a': 'January', 'u': june_or_july}
may_or_march = {'y': 'May', 'r': 'March'}
apr_or_aug = {'p': 'April', 'u': 'August'}
month = {'j': janu_or_ju, 'm': may_or_march,
      'f': 'February', 'a': apr_or_aug,
      's': 'September', 'o': 'October', 'n': 'November', 'd': 'December'}
first_char = input('请输入第一位字母：').lower().strip()
if first_char in ['a', 'j', 's', 'm', 'o', 'f', 'n', 'd']:
    if   month[first_char] == apr_or_aug:
        second_char = input('请输入第二位字母：').lower().strip()
        if second_char in ['u', 'p']:
            print(month[first_char][second_char])
        else:
            print('请输入正确的字母')
    elif   month[first_char] == may_or_march :
        second_char = input('请输入第二位字母：').lower().strip()
        if second_char == 'a':
            third_char = input('请输入第三位字母：').lower().strip()
            if third_char in ['r', 'y']:
                print(month[first_char][third_char])
            else:
                print('请输入正确的字母')
        else:
            print('请输入正确的字母')
    elif month[first_char] == janu_or_ju :
        second_char = input('请输入第二位字母：').lower().strip()
        if second_char == 'a':
            print(month[first_char][second_char])
        elif second_char == 'u':
            third_char = input('请输入第三位字母：').lower().strip()
            if third_char in ['n', 'l']:
                print(month[first_char][second_char][third_char])
            else:
                print('请输入正确的字母')
        else:
            print('请输入正确的字母')
```

```
        else:
            print(month[first_char])
    else:
        print('请输入正确的字母')
```

以上代码首先创建字典 month、apr_or_aug、may_or_march、janu_or_ju、june_or_july，其中，字典 month 定义了首字母对应的单词或字典，然后接收了用户输入的第一位字母 first_char，最后使用 if-else 语句处理了不同的情况。若用户输入的第一位字母 first_char 存在于['a', 'j', 's', 'm', 'o', 'f', 'n', 'd']中，则需要做进一步的处理：

(1) 将 first_char 作为键获取字典 month 中对应的值，若值不是一个字典，则直接返回其对应的值；若值是一个字典，则要求用户输入第二位字母 second_char。

(2) 若用户输入的 first_char 为‘a’，又若用户输入的 second_char 存在于['u', 'g', ]中，则获取字典 apr_or_aug 中对应的值，否则提示用户“请输入正确的字母”。

(3) 若用户输入的 first_char 为‘m’，又若用户输入的 second_char 为‘a’，则提示输出第三个字母，否则提示用户“请输入正确的字母”；若用户输入的 third_char 存在于['r', 'y']中，则获取字典 may_or_march 中对应的值，否则提示用户“请输入正确的字母”。

(4) 若用户输入的 first_char 为‘j’，则要求用户输入第二位字母 second_char；若用户输入的 second_char 存在于['u', 'a']中，则获取字典 janu_or_ju 中对应的值，否则提示用户“请输入正确的字母”；若值不是一个字典，则直接返回其对应的值；若值是一个字典，则要求用户输入第三位字母 third_char；若用户输入的 third_char 存在于['l', 'n']中，则获取字典 june_or_july 中对应的值，否则提示用户“请输入正确的字母”。

#### 4. 代码测试

运行程序，在控制台输入“f”之后的结果如下所示：

```
请输入第一位字母：f
February
```

运行程序，在控制台输入“a”“p”之后的结果如下所示：

```
请输入第一位字母：a
请输入第二位字母：p
April
```

## 巩 固 练 习

### 一、选择题

1. 运行下列代码，输出的结果是(　　)。

```
Lst = ['中国', '印度', '巴西', '俄罗斯', '南非']
        Print(lst[1], lst[-1])
```

A. 中国 俄罗斯　B. 中国 南非　C. 印度 俄罗斯　D. 印度 南非

2. 运行下列代码，控制台中显示的结果是(　　)。

```
Lst = [1, 7, 3, 4, 6]
del lst[1]
del lst[-1]
print(lst)
```

A. [7, 3, 4]　　B. [1, 7, 3, 4, 6]　　C. [1, 3, 4]　　D. []

3. 运行下列代码，输出的结果是(　　)。

```
lst1 = [2, 4, 6, 8, 10]
lst2 = []
while lst1:
    i = lst1.pop()
    lst2.append(i)
print(lst2)
```

A. []　　B. [2]　　C. [2, 4, 6, 8, 10]　　D. [10, 8, 6, 4, 2]

4. 下面关于列表的描述正确的是(　　)。

A. 列表中不可以存储变量　　B. 列表的索引从 1 开始

C. 列表中可以存储字符串　　D. 列表中不可以存储数字

5. 以下关于 pop()和 insert()的描述错误的是(　　)。

A. insert()函数可以插入新元素到列表中

B. pop()函数可以在列表为空时起作用

C. inser()函数可以在列表为空时起作用

D. pop()函数可以删除列表中的元素

6. 已知列表 x = [1, 2, 3]，那么执行语句 x.insert(2, 5)后，x 的值为(　　)。

A. [1, 5, 2, 3]　　B. [1, 5, 2]　　C. [1, 2, 5, 3]　　D. [1, 1, 5, 2, 3]

7. 下列选项中属于元组的是(　　)。

A. (26, 3, 52, 44)　　B. 'hello'

C. [ 21, 32, 43, 45]　　D. 21

8. 下列选项中，正确定义了一个字典的是(　　)。

A. a = {'a', 1, 'b', 2, 'c', 3}　　B. b={'a', 1, 'b', 2, 'c', 3}

C. c == {'a', 1, 'b', 2, 'c', 3}　　D. b={'a':1, 'b':2, 'c':3}

9. 以下不能创建一个字典的语句是(　　)。

A. dict1 = {}　　B. dict2={ 3:5 }

C. dict3 = {[1, 2, 3]: "uestc"} "uestc"}　　D. dict4 = {(1, 2, 3): "uestc"}

**二、填空题**

1. 已知 x = list(range(20))，那么执行语句 x[:18] = []后列表 x 的值为______________。

2. 已知 x = ([1], [2])，那么执行语句 x[0].append(3)后 x 的值为_________________。

3. 已知 x = {1:1, 2:2}，那么执行语句 x.update({2:3, 3:3})之后表达式 sorted(x.items())的值为______________。

4. 已知 x = [1, 2, 3]，那么表达式 not (set(x*100)-set(x))的值为______________。

5. 已知 x = [1, 2, 3, 4, 5]，那么执行语句 x[1::2] = sorted(x[1::2], reverse=True)之后 x 的值为______________。

6. 字典对象的______________方法可以获取指定“键”对应的“值”，并且可以在指定“键”不存在的时候返回指定值，如果不指定则返回 None。

7. 字典对象的______________方法返回字典中的“键-值对”列表。

三、判断题

1. 运算符“-”可以用于集合的差集运算。　(　　)

2. 集合的元素是不能重复的。　(　　)

函数是组织好的，可重复使用的，用来实现单一或相关联功能的代码段。当程序实现的功能非常复杂的时候，开发人员通常会将其中的功能性代码定义为一个函数，以提高代码的复用性，减少代码冗余，使程序结构更加清晰。

**知识目标：**

(1) 掌握函数的定义与调用。
(2) 掌握函数的参数传递方式。
(3) 掌握局部变量和全局变量的使用。
(4) 熟悉匿名函数的使用。
(5) 了解常用的内置函数。

**思政目标：**

(1) 引领学生学习化繁为简、分而治之的“函数精神”，培养学生的工程项目分析能力、组织管理能力，同时也可以加强学生的团结合作能力。
(2) 通过函数可重用的思想，引导学生资源共享，共同发展的思想意识。
(3) 培养学生树立科学管理、合理调度的基本思想。

## 任务 5.1　函数的概念

函数指被封装起来的、实现某种功能的一段代码，它可以被其他函数调用。函数能提高应用的模块性和代码的重复利用率。Python 安装包、标准库中自带的函数统称为内置函数，用户自己编写的函数称为自定义函数，不管是哪种函数，其定义和调用方式都是一样的。

### 5.1.1　函数的定义

在 Python 中，使用关键字 def 定义函数，其语法格式为：

```
def　函数名([参数列表]):
```

```
[“文档字符串”]
函数体
[return 语句]
```

其中，方括号[ ]包含的内容表示可选项。关于函数的说明有以下五点。

(1) 函数代码块以 def 关键词开头，后接函数标识符名称和圆括号()。

(2) 任何传入参数和自变量必须放在圆括号中间，圆括号之间可以用于定义参数。参数列表可以为空，也可以不为空。若参数列表为空，称为无参函数。

(3) 函数的第一行语句可以选择性地使用文档字符串—用于存放函数说明。

(4) 函数内容以冒号“：”起始，并且缩进。

(5) return[表达式]结束函数，选择性地返回一个值给函数调用者；不带表达式的 return 相当于返回 None；无 return 返回也相当于返回 None。

### 5.1.2　函数的调用

定义一个函数即给定了该函数一个名称，指定了函数里包含的参数和代码块结构。这个函数的基本结构完成以后，可以通过另一个函数来调用执行，也可以直接从 Python 提示符执行。示例代码如下所示，我们在代码中调用了 printmessage()和 printcharac()函数：

```
# 定义函数
def printcharac(str):
    print (str*10)

def printmessage():
    print ("Hello_World")

# 调用函数
printcharac('*')
printmessage()
printcharac('#')
printcharac('%')
```

上述代码的执行结果为：

```
**********
Hello_World
##########
%%%%%%%%%%
```

**例**：定义函数计算月份的天数。我们可以根据月份和年份确定这个月共有多少天，需要注意的是闰年的 2 月是 29 天，非闰年的 2 月是 28 天。实现代码如下所示：

```
def calcula():
    month = int(input('请输入月份' + '\n'))
    year = int(input('请输入年份' + '\n'))
```

```
if  (year % 4 == 0 and year % 100 !=0 ) or year % 400 == 0 :
    k=1
else:
    k=0
  if month == 1 or month == 3 or month == 5 or month == 7 or month == 8 or month == 10 or month == 12:
      print("这个月共有 31 天。")
  elif month == 4 or month == 6 or month == 9 or month == 11:
      print("这个月共有 30 天。")
      elif month == 2:
        if k == 1:
            print("这个月共有 29 天。")
        else:
            print("这个月共有 28 天。")
  else:
        print("请输入正确月份")
calcula()
```

上述代码的执行结果为：

```
请输入月份
2
请输入年份
2023
这个月共有 28 天。
```

# 任务 5.2　函数的参数传递

参数传递是将实际参数传递给形式参数的过程。调用函数时可使用的正式参数类型包括：必需参数，关键字参数，默认参数，不定长参数。

## 5.2.1　必需参数

必需参数须以正确的顺序传入函数，调用时的数量必须和声明时的一样。示例代码如下所示，在代码中调用了 printinfo()函数，必须按形式参数位置传入实际参数，不然会出现语法错误。

(1) 不传实际参数时：

```
#可写函数说明
def printinfo(age, grade, gender, name):
    "打印学生的个人信息"
    print ("  姓名是："+ name + "  年龄是：  "+ str(age) + "  年级是：  "+ grade + "  性别是："+ gender)
```

```
# 调用 printinfo 函数，不加参数会报错
printinfo()
```

上述代码的执行结果为：

```
Traceback (most recent call last):
File "d:/ex0503.py", line 7, in <module>
    printinfo()
    TypeError: printinfo() missing 4 required positional arguments: 'age', 'grade', gender, and 'name'
```

我们可以看到当不传实际参数时结果会报错。

(2) 当实际参数的位置与形式参数位置不一致时：

```
#可写函数说明
def printinfo(age, grade, gender, name):
    "打印学生的个人信息"
    print ("姓名是："+ name + " 年龄是： "+ str(age) + " 年级是： "+ grade + " 性别是："+ gender)

# 实际参数的位置与形式参数位置不一致
printinfo("ligang", "1 年级", "14", "male")
```

上述代码的执行结果为：

```
姓名是：male 年龄是：ligang 年级是： 1 年级性别是：14
```

我们可以看到当实际参数的位置与形式参数位置不一致时，输出的内容与结果不一致。

### 5.2.2 关键字参数

关键字参数和函数调用关系紧密，函数调用使用关键字参数来确定传入的参数值。使用关键字参数允许函数调用时参数的顺序与声明时不一致，因为 Python 解释器能够用参数名匹配参数值。示例代码如下所示：

```
#可写函数说明
def printinfo(age, grade, gender, name):
    "打印学生的个人信息"
    print ("姓名是："+ name + " 年龄是："+ str(age) + " 年级是："+ grade + " 性别是："+ gender)

# 调用 printinfo 函数，使用关键字参数根据参数名传值
printinfo(name="zhangsan", gender="female", age=18, grade="freshman")
```

上述代码的执行结果为：

```
姓名是：zhangsan 年龄是：18 年级是：freshman 性别是：female
```

### 5.2.3 默认参数

调用函数时，如果没有传递参数，则会使用默认参数。如果给带有默认值的形式参数传值，则实际参数会覆盖默认值。示例代码如下所示：

```
def printinfo( name, gender = "male" ):
    print("Name: ", name)
    print("gender", gender)
    print("----")
#调用 printinfo 函数
printinfo( gender="female", name="Kate" )
printinfo( name="Bill" )
```

上述代码的执行结果为：

```
Name:   Kate
gender female
...
Name:   Bill
gender male
...
```

### 5.2.4 不定长参数

有时可能需要一个函数能处理比当初声明时更多的参数，这些参数叫作不定长参数。其基本语法如下：

```
def   functionname([formal_args, ] [*var_args_tuple, ] [**var_args_dict] ):
    "函数说明文档"
    函数体
    return [expression]
```

可变参数有两种形式：一种是*var_args_tuple，另一种是**var_args_dict。这两个参数可搭配使用，也可以单独使用。

1. *var_args_tuple

加了星号“*”的参数会以元组(tuple)的形式导入，存放所有未命名的变量参数。示例代码如下所示：

```
def printinfo( *vartuple ):
    print(type(vartuple)) #参数类型
    print ("打印传入的参数: ")
    print (vartuple)
# 调用 printinfo 函数
printinfo( 'x', 'y', 'z', 11, 22, 33 )
```

上述代码的执行结果为：

```
<class 'tuple'>
打印传入的参数:
('x', 'y', 'z', 11, 22, 33)
```

2. ** var_args_dict

加了两个星号“**”的参数会以字典的形式导入，存放所有未命名的变量参数。示例代码如下所示：

```
def printinfo(**vardict ):
    print(type(vardict)) #参数类型
    print ("打印传入的参数:")
    print (vardict)
# 调用 printinfo 函数
printinfo(name='Forrest Gump', score=9.5, country='America')
```

上述代码的执行结果为：

```
<class 'dict'>
打印传入的参数:
{'name': 'Forrest Gump', 'score': 9.5, 'country': 'America'}
```

## 任务 5.3　变量作用域

程序中的所有变量并不是在哪个位置都可以访问的。访问权限取决于这个变量是在哪里赋值的。

变量的作用域决定了在哪一部分程序可以访问哪个特定的变量名称。有两种最基本的变量作用域：局部变量和全局变量。定义在函数内部的变量拥有局部作用域，定义在函数外部的变量拥有全局作用域。

### 5.3.1　局部变量

局部变量是指在函数内部定义并使用的变量，它只在函数内部有效。函数内部的变量只在函数运行时才会创建，在函数运行之前或者运行完毕之后，所有的变量就都不存在了。所以，如果在函数外部使用函数内部定义的变量，就会出现“NameError 异常”的提示。局部变量只能在其被声明的函数内部访问，而全局变量可以在整个程序范围内访问。调用函数时，所有在函数内声明的变量名称都将被加入局部作用域中。

### 5.3.2　全局变量

与局部变量相对应，全局变量是能够作用于函数内外的变量。全局变量主要有以下两种情况：

① 如果一个变量在函数外定义，那么不仅在函数外可以访问到，在函数内也可以访问到。在函数体以外定义的变量是全局变量。

② 如果一个变量在函数体内定义，并且使用 global 关键字修饰，则该变量也就变为全局变量。在函数体外也可以访问到该变量，在函数体内还可以对其进行修改。

尽管 Python 允许全局变量和局部变量重名，但是在实际开发时不建议这么做，因为这样容易让代码混乱，很难分清哪些是全局变量，哪些是局部变量。局部变量和全局变量的使用，示例代码如下所示：

```
sum = 10                                    # sum 在这里是全局变量
def num( num1, num2 ):
    #返回 2 个参数的平方和."
    sum = num1*num1 + num2*num2             # sum 在这里是局部变量
    print("函数内局部变量  sum= ", sum)


#调用 num 函数
num( 3, 4 )
print ("函数外全局变量  sum= ", sum)
```

上述代码的执行结果为：

```
函数内局部变量  sum= 25
函数外全局变量  sum= 10
```

## 任务 5.4　匿 名 函 数

匿名函数是指没有名字的函数，应用在需要一个函数，但是又不想费神去命名这个函数的场合。通常情况下，这样的函数只使用一次。在 Python 中，使用 lambda 表达式创建匿名函数，其语法格式如下：

```
result = lambda [arg1[, arg2, …argn:]]：expression
```

参数说明：

- result：用于调用 lambda 表达式。
- [arg1[, arg2, …, argn]]：可选参数，用于指定要传递的参数列表，多个参数间使用逗号“，”分隔。
- expression：必选参数，用于指定一个实现具体功能的表达式。如果有参数，那么在该表达式中可应用这些参数。要注意的是，使用 lambda 表达式时，参数可以有多个，用逗号“，”分隔，但是表达式只能有一个，即只能返回一个值，而且也不能出现其他非表达式语句(如 for 语句或 while 语句)。

**例**：已知一个长方形的长和宽，计算周长。实现代码如下所示：

```
a=10
b=5
x = lambda a, b : 2*a+2*b
print("长:{}、宽:{}的长方形的周长是：{}".format(a, b, x(a, b)))
```

上述代码的执行结果为：

```
长：10、宽：5 的长方形的周长是：30
```

# 任务 5.5 实践活动

## 实践 5.1 完数

一个数如果恰好等于它的因子之和，这个数就称为“完数”。例如 6 = 1 + 2 + 3。请编程找出 2000 以内的所有完数。

### 1. 代码实现

本实践的具体实现代码如下所示：

```
def factor(num):
    target=int(num)
    res=set()
    for i in range(1, num):
        if num%i==0:
            res.add(i)
            res.add(num/i)
    return res


for i in range(2, 2001):
    if i==sum(factor(i))-i:
        print(i)
```

### 2. 代码测试

上述代码的执行结果为：

```
6
28
496
```

## 实践 5.2 水仙花数

水仙花数是指一个三位数，其各位数字的立方和等于该数本身。例如：153 是一个“水仙花数”，因为 153 = 1^3 + 5^3 + 3^3。

本实践要求编写程序，打印出所有的水仙花数。

### 1. 实例分析

本实践的编程思路如下：

(1) 利用 for 循环控制 100-999 个数，每个数分解出个位，十位，百位。

(2) 计算各个位的数的立方之和是否等于该数。

### 2. 代码实现

本实践的具体实现代码如下所示：

```
def flower(a, b):
    for i in range(a, b):
        s=str(i)
        one=int(s[-1])
        ten=int(s[-2])
        hun=int(s[-3])
        if i == one**3+ten**3+hun**3:
            print(i)
flower(100, 1000)
```

### 3. 代码测试

上述代码的执行结果为：

```
153
370
371
407
```

## 实践 5.3　高空抛物

一球从高处自由落下，每次落地后反跳回原高度的一半，再落下。请输入起始高度，求它在第 10 次落地时，共经过了多少米。

### 1. 代码实现

本实践的具体实现代码如下所示：

```
def length(num):
    high=num*2
    total=num
    for i in range(10):
        high/=2
        total+=high
        print(high/2)
        print('总长：', total)
height = int(input("请输入起始高度："))
length(height)
```

### 2. 代码测试

上述代码的执行结果为：

```
请输入起始高度：100
50.0
```

```
总长：200.0
25.0
总长：250.0
12.5
总长：275.0
6.25
总长：287.5
3.125
总长：293.75
1.5625
总长：296.875
0.78125
总长：298.4375
0.390625
总长：299.21875
0.1953125
总长：299.609375
0.09765625
总长：299.8046875
```

## 实践 5.4　可被 7 整除但不能被 5 整除的数

编写一个程序，找到 1000 至 2000(包括在内)中可被 7 整除但不能被 5 整除的所有数字，得到的数字用逗号分隔，打印在一行上。

### 1. 代码实现

本实践的具体实现代码如下所示：

```
def obb(a, b):
    l=[]
    for i in range(a, b):
      if(i%7==0)and(i%5!=0):
          l.append(str(i))
          print(', '.join(l))

obb(1000, 2000) #函数调用
```

### 2. 代码测试

上述代码的执行结果为：

```
1001, 1008, 1022, 1029, 1036, 1043, 1057, 1064, 1071, 1078, 1092, 1099, 1106, 1113, 1127, 1134, 1141,
1148, 1162, 1169, 1176, 1183, 1197, 1204, 1211, 1218, 1232, 1239, 1246, 1253, 1267, 1274, 1281, 1288, 1302,
```

```
1309, 1316, 1323, 1337, 1344, 1351, 1358, 1372, 1379, 1386, 1393, 1407, 1414, 1421, 1428, 1442, 1449, 1456,
1463, 1477, 1484, 1491, 1498, 1512, 1519, 1526, 1533, 1547, 1554, 1561, 1568, 1582, 1589, 1596, 1603, 1617,
1624, 1631, 1638, 1652, 1659, 1666, 1673, 1687, 1694, 1701, 1708, 1722, 1729, 1736, 1743, 1757, 1764, 1771,
1778, 1792, 1799, 1806, 1813, 1827, 1834, 1841, 1848, 1862, 1869, 1876, 1883, 1897, 1904, 1911, 1918, 1932,
1939, 1946, 1953, 1967, 1974, 1981, 1988
```

## 实践 5.5　某天为一年的第几天

输入某年某月某日，判断这一天是这一年的第几天。特殊情况，闰年时需考虑二月多加 1 天。

### 1. 代码实现

本实践的具体实现代码如下所示：

```
def isLeapYear(y):
    #判断是否为闰年
    return (y%400==0 or (y%4==0 and y%100!=0))
DofM = [0, 31, 28, 31, 30, 31, 30, 31, 31, 30, 31, 30]
res=0
year=int(input('Year:'))
month=int(input('Month:'))
day=int(input('day:'))
if isLeapYear(year):
    DofM[2]+=1
for i in range(month):
    res+=DofM[i]
print(res+day)
```

### 2. 代码测试

上述代码的执行结果为：

```
Year:2023
Month:2
day:1
32
```

### 一、选择题

1. 下列关于函数的说法中，描述错误的是(　　)。

A. 函数可以减少重复的代码，使得程序更加模块化

B. 不同的函数中可以使用相同名字的变量

C. 调用函数时，实参的传递顺序与形参的顺序可以不同

D. 匿名函数与使用关键字 def 定义的函数没有区别

2. Python 使用(　　)关键字定义一个匿名函数。

A. function　　B. func

C. def　　D. lambda

3. Python 使用(　　)关键字定义一个函数。

A. function　　B. func

C. def　　D. lambda

4. 运行下列代码的输出结果为(　　)。

```
num_one = 12
def sum(num_two):
    global num_one
    num_one = 90
    return num_one + num_two
print(sum(10))
```

A. 102　　B. 100

C. 22　　D. 12

5. 运行下列代码的输出结果为(　　)。

```
def many_param(num_one, num_two, *args):
    print(args)
many_param(11, 22, 33, 44, 55)
```

A. (11, 22, 33)　　B. (22, 33, 44)

C. (33, 44, 55)　　D. (11, 22)

## 二、填空题

1. ________________是组织好的、实现单一功能或相关联功能的代码段。

2. 匿名函数是一类无须定义________________的函数。

3. 若函数内部调用了自身，则这个函数被称为________________。

4. Python 使用________________关键字可以将局部变量声明为全局变量。

5. 全局变量是指在函数________________定义的变量。

## 三、判断题

1. 函数在定义完成后会立刻执行。　　(　　)

2. 变量在程序的任意位置都可以被访问，变量名可以以数字开头。　　(　　)

3. 函数可以提高代码的复用性。　　(　　)

4. 任何函数内部都可以直接访问和修改全局变量。　　(　　)

5. 函数的位置参数有严格的位置关系。　　(　　)

## 四、简答题

1. 简述位置参数、关键字参数、默认参数传递的区别。

2. 简述函数参数混合传递的规则。

3. 简述局部变量和全局变量的区别。

**五、编程题**

1. 编写函数，输出 1～100 中偶数之和。

2. 编写函数，计算 $20 \times 19 \times 18 \times \cdots \times 3$ 的结果

3. 编写函数，判断用户输入的整数是否为回文数。回文数是一个正向和逆向都相同的整数，如 123454321，9889。

4. 编写函数，判断用户输入的三个数字是否能构成三角形的三条边。

5. 编写函数，求两个正整数的最小公倍数。

# 项目 6　面向对象编程

面向对象是描述现实世界的编程思想。使用对象来模拟现实中的事物，使用对象之间的关系来描述事物之间的联系。

**知识目标：**

(1) 理解面向对象的概念，明确类和对象的含义。
(2) 掌握类的定义与使用方法。
(3) 熟练创建对象、访问对象成员。
(4) 掌握实现成员访问限制的意义，熟练访问受限成员。
(5) 了解构造方法与析构方法的功能与定义方式。
(6) 熟悉类方法和静态方法的定义与使用。

**思政目标：**

(1) 通过对类概念的学习，引导学生加强团队交流、学会协作共赢。

(2) 通过面向对象的程序设计，引导学生从特殊到一般，从具体到抽象地理解问题、解决问题。

(3) 通过类的继承，引导学生积极传承中国优秀文化，增强文化自信，同时体会和应用传承与发扬、整体与部分的哲学思想。

## 任务 6.1　面向对象

### 6.1.1　面向对象概述

面向过程的程序设计方法强调分析、解决问题的步骤，并用函数实现这些步骤，通过函数调用完成特定功能。面向过程的程序设计以算法为核心，在计算机中用数据描述事物，程序则用于处理这些数据。

面向对象的程序设计方法是把解决的问题按一定的规则划分为多个独立的对象，通过调用对象的方法来实现多个对象相互配合，完成应用程序功能。

### 6.1.2　面向对象的基本概念

对象是将描述事物的一组数据和与这组数据有关的操作封装在一起，形成一个实体，这个实体就是对象。

类是具有相同性质的对象的抽象。

### 6.1.3　面向对象编程的特点

面向对象的三个基本特征是封装、继承和多态。

封装是面向对象的核心思想，将对象的属性和行为封装起来，不需要让外界知道具体实现细节，这就是封装思想。

继承是指一个派生类继承基类的属性和方法。

多态指同一个属性或行为在父类及其各派生类中具有不同的语义。

## 任务 6.2　类 与 对 象

### 6.2.1　类与对象的关系

对象(Object)是系统中用来描述客观事物的一个实体，它是构成系统的一个基本单位。对象可以是有形的，如某个人、某种物品；它也可以是无形的，如某项计划、某次商业交易。

对象包含特征和行为。特征指对象的外观、性质、属性等；行为指对象具有的功能、动作等。

例如，一个名字叫张三的同学就是一个对象。他具有自己的特征：学号=2，姓名="张三"，出生年月="1984-11-11"，家庭住址="中国山东省青岛市"。具有上课、做作业、休息等行为。

日常生活中把众多事物进行归纳、划分然后分类是人类在认识客观世界时经常采用的思维方法。换句话说"类"是从日常生活中抽象出来的具有共同特征的实体。

因此把具有相同特征及相同行为的一组对象称为类。类是具有相同特性(数据元素)和行为(功能)的对象的抽象。因此，对象是类的抽象，类的实例是对象。

例如：张三同学是一个对象，李四同学也是一个对象，并且全班的同学都有学号、姓名、出生年月、家庭住址，具有上课、做作业、休息等行为。从整个班级所有的对象中抽象出共同特征和行为就可以形成我们常说的"学生"类，此时，学生就是一个类。

在 Python 中，我们可以定义类，然后创建类的对象。

### 6.2.2　类的定义与访问

类就是用于描述某一类事物，相当于一个模板。

定义一个类应该要有属性和方法(属性和方法一定是该类事物所共有的)。语法格式如下：

```
class 类名:
  属性名 = 属性值
  def 方法名(self):
      方法体
```

例如，人可以抽象为一个类，这个类当中包含了头、眼睛和嘴等属性以及吃饭、睡觉等行为特征(方法)。具体定义如下：

```
class Person:
  head = 1
  mouse =1
  eyes=2
  def eat(self):
      方法体
  def sleep(self):
      方法体
```

在 Person 类中：

- class：即类的意思，用于修饰一个类。
- Person：在此代表类名。
- head、mouse、eyes：数据成员名，或称为属性。
- eat、sleep：成员函数名，或称为方法。需要注意的是，方法中有一个指向对象的默认参数 self。

### 6.2.3 对象的创建与使用

类定义完成后不能直接使用，这就好比画好了一张房屋设计图纸，此图纸只能帮助人们了解房屋的结构，但不能提供居住场所。为满足居住需求，需要根据房屋设计图纸搭建实际的房屋。同理，程序中的类需要实例化为对象才能实现其意义。

#### 1. 对象的创建

创建对象的格式如下：

```
对象名 = 类名()
```

例：zhangsan = Person()

#### 2. 访问对象成员

若想在程序中真正地使用对象，需掌握访问对象成员的方式。对象成员分为属性和方法，它们的访问格式分别如下：

```
对象名.属性
对象名.方法()
```

## 6.2.4 访问限制

### 1. 类的私有属性

__private_attrs：两个下划线开头，声明 private_attrs 为私有属性，不能在类的外部被使用或直接访问。在类内部的方法中使用私有属性 __private_attrs 的方法是：self.__private_attrs。

类的私有属性应用如下所示：

```
class JustVariable:
    __secretVariable = 2                #私有变量
    publicVariable = 2                  #公有变量

    def number(self):
        self.__secretVariable += 2
        self.publicVariable +=3
        print (self.__secretVariable)
counter = JustVariable ()
counter. number ()
counter. number ()
print (counter.publicVariable)
print (counter.__secretVariable)        #实例不能访问私有变量
```

上述代码的执行结果为：

```
4
6
8
Traceback (most recent call last):
  File "d: /ex0601.py", line 13, in <module>
    print (counter.__secretVariable) # 实例不能访问私有变量
AttributeError: 'JustVariable' object has no attribute '__secretVariable'
```

从以上结果我们可以看出，在类的外部对象无法直接访问私有变量，但可以通过公有方法获取类的私有属性。

### 2. 类的私有方法

__private_method：两个下划线开头，声明 private_method 方法为私有方法，只能在类的内部调用，不能在类的外部调用。

类的私有方法应如下所示：

```
class Person:
    def __init__(self, age, garde):
        self.age = age                  # public
```

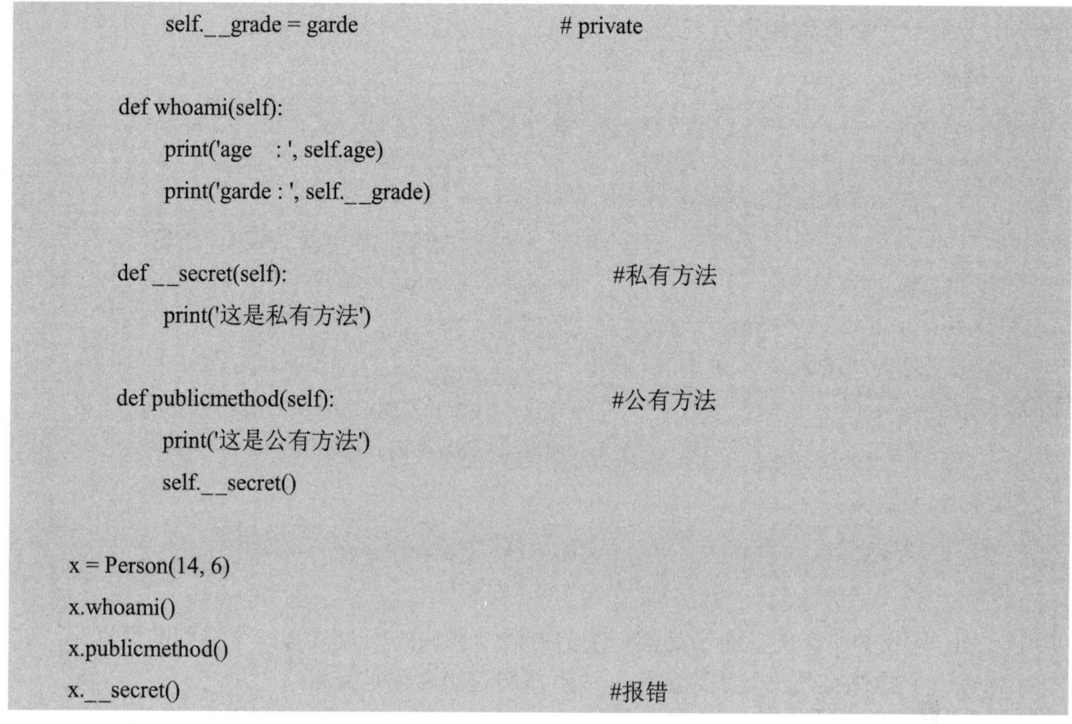

```
        self.__grade = garde                        # private

    def whoami(self):
        print('age   : ', self.age)
        print('garde : ', self.__grade)

    def __secret(self):                             #私有方法
        print('这是私有方法')

    def publicmethod(self):                         #公有方法
        print('这是公有方法')
        self.__secret()

x = Person(14, 6)
x.whoami()
x.publicmethod()
x.__secret()                                        #报错
```

上述代码的执行结果为：

```
age   :  14
garde :  6
这是公有方法
这是私有方法
Traceback (most recent call last):
  File "d:/ ex0602.py", line 20, in <module>
    x.__secret()                                    #报错
AttributeError: 'Person' object has no attribute '__secret'
```

从以上结果我们可以看出，在类的外部对象无法直接调用私有方法，但可以通过公有方法调用类的私有方法。

## 任务 6.3　构造方法与析构方法

### 6.3.1　构造方法

构造方法是 Python 类中的内置方法之一，它的方法名为“__init__”，在创建一个类对象时会自动执行，负责完成新创建对象的初始化工作。可以显式定义构造方法，创建对象时会调用显式定义的“__init__”方法，若不显式定义，则解释器会调用默认的“__init__”方法。

### 1. 只有一个参数的构造方法

示例代码如下所示：

```
class Person:                              #定义 Person 类
    def __init__(self):                        #定义构造方法
        print('调用构造方法！')
        self.name='王二'                   #将 self 对应对象的 name 属性赋值为“王二”
    def PrintInfo(self):                   #定义普通方法 PrintInfo
        print('姓名：%s'%self.name) #输出姓名信息
if __name__=='__main__':
    stu=Person()                           #创建 Person 类对象 stu，自动执行构造方法
    stu.PrintInfo()                        #通过 stu 对象调用 PrintInfo 方法
```

运行结果如下：

```
调用构造方法！
姓名：王二
```

其中，self 代表类的实例，而不是类。类的方法与普通的函数只有一个特别的区别——它们必须有一个额外的第一个参数名称，按照惯例它的名称是 self。

### 2. 带默认参数的构造方法

示例代码如下所示：

```
class Person:                              #定义 Person 类
    def __init__(self, name='王二'):       #定义构造方法
        print('构造方法被调用！')
        self.name=name                     #将 self 对应对象的 name 属性赋为形参 name 的值
    def PrintInfo(self):                   #定义普通方法 PrintInfo
        print('姓名：%s'%self.name)        #输出姓名信息
if __name__=='__main__':
    per1=Person()                          #创建 Person 类对象 per1，自动执行构造方法
    per2=Person('刘东梅')
    per1.PrintInfo()                       #通过 per1 对象调用 PrintInfo 方法
    per2.PrintInfo()                       #通过 per2 对象调用 PrintInfo 方法
```

上述代码的执行结果为：

```
构造方法被调用！
构造方法被调用！
姓名：王二
姓名：刘东梅
```

### 3. 带多个参数的构造方法

__init__()方法可以有参数，参数通过 __init__()传递到类的实例化操作上。示例代码

如下所示：

```
class Complex:
    def __init__(self, x, y):
        self.x = x
        self.y = y
a = Complex(2.0, 3.5)
print(a.x, a.y)
```

上述代码的执行结果为：

```
2.0 3.5
```

### 6.3.2 析构方法

析构方法是类的另一个内置方法，它的方法名为“__del__”，在销毁一个类对象时会自动执行，负责完成待销毁对象的资源清理工作，如关闭文件等。

类对象销毁有如下三种情况：

(1) 局部变量的作用域结束。

(2) 使用 del 删除对象。

(3) 程序结束时，程序中的所有对象都将被销毁。

析构方法实例代码如下所示：

```
class Person: #定义 person 类
    def __init__(self, name):                #定义构造方法
        self.name=name                       #将 self 对应对象的 name 属性赋值为形参 name 的值
        print('姓名为%s 的对象被创建！'%self.name)
    def __del__(self):                       #定义析构方法
        print('姓名为%s 的对象被销毁！'%self.name)

if __name__=='__main__':
    per1=Person('李刚')                      #创建 Person 类对象 per1
    per2=Person('王刚')                      #创建 Person 类对象 per2
    del per2                                 #使用 del 删除 per2 对象
    per3=Person('刘海东')                    #创建 Person 类对象 per3
```

上述代码的执行结果为：

```
姓名为李刚的对象被创建！
姓名为王刚的对象被创建！
姓名为王刚的对象被销毁！
姓名为刘海东的对象被创建！
姓名为李刚的对象被销毁！
姓名为刘海东的对象被销毁！
```

# 任务 6.4　继　　承

在 Python 中，类的继承是指在一个现有类的基础上去构建一个新的类，现有的类称为父类或基类，新构建出来的类称为子类或派生类。其中，子类在继承父类时，会自动拥有父类中的方法和属性，另外也可以在子类中增加新的属性和方法。

如果一个子类只有一个父类，则将这种继承关系称为单继承；如果一个子类有两个或更多父类，则将这种继承关系称为多重继承。

## 6.4.1　单继承

单继承是指子类只继承一个父类，当子类继承父类之后，就拥有从父亲继承的属性和方法，它可以调用自己的方法，也可以调用从父类继承的方法。其语法格式为：

```
class 子类名(父类名):
    语句 1
    语句 2
    …
    语句 N
```

继承实例代码如下所示：

```
class Person:                     #定义 Person 类
    def SetName(self, name):      #定义 SetName 方法
        self.name=name            #将 self 对应对象的 name 属性赋为形参 name 的值
class Student(Person):            #以 Person 类作为父类定义子类 Student
    def SetSno(self, sno):        #定义 SetSno 方法
        self.sno=sno              #将 self 对应对象的 sno 属性赋为形参 sno 的值
class Teacher(Person):            #以 Person 类作为父类定义子类 Teacher
    def SetTno(self, tno):        #定义 SetTno 方法
        self.tno=tno              #将 self 对应对象的 tno 属性赋为形参 tno 的值

if __name__=='__main__':
    stu=Student()                 #定义 Student 类对象 stu
    stu.SetSno('1101')            #调用 Student 类中定义的 SetSno 方法
    stu.SetName('李世民')         #调用 Student 类从 Person 类继承过来的 SetName #方法
    print('学号：%s，姓名：%s'%(stu.sno, stu.name))     #输出学号和姓名
    t=Teacher()                   #定义 Teacher 类对象 t
    t.SetTno('8812')              #调用 Teacher 类中定义的 SetTno 方法
```

```
    t.SetName('朱元璋')          #调用 Teacher 类从 Person 类继承过来的 SetName 方法
    print('教工号：%s，姓名：%s'%(t.tno, t.name))          #输出教工号和姓名
```

上述代码的执行结果为：

```
学号：1101，姓名：李世民
教工号：8812，姓名：朱元璋
```

### 6.4.2　多继承

多继承是指一个子类继承多个父类，其语法格式为：

```
class 子类名(父类名 1, 父类名 2, …, 父类名 M):
    语句 1
    语句 2
    …
    语句 N
```

当 M 等于 1 时，则为单继承；当 M 大于 1 时，则为多继承。

需要注意圆括号中父类的顺序，若是父类中有相同的方法名，而在子类使用时未指定，Python 会从左至右搜索，即方法在子类中未找到时，将从左到右查找父类中是否包含方法。示例代码如下所示：

```
class People:
#定义基本属性
  name = ''
  age = 0
#定义私有属性，私有属性在类外部无法直接进行访问
  __weight = 0
#定义构造方法
  def __init__(self, n, a, w):
    self.name = n
    self.age = a
    self. __weight = w
  def speak(self):
    print("%s 说: 我 %d 岁。" %(self.name, self.age))


#单继承
class Student(People):
  grade = ''
  def __init__(self, n, a, w, g):
    #调用父类的构造函数
    People. __init__(self, n, a, w)
```

```
        self.grade = g
#覆写父类的方法
    def speak(self):
        print("%s 说: 我 %d 岁了，我在读 %d 年级"%(self.name, self.age, self.grade))

#另一个类，多重继承之前的准备
class Speaker():
    topic = ''
    name = ''
    def __init__(self, n, t):
        self.name = n
        self.topic = t
    def speak(self):
        print("我叫 %s，我是一个演说家，我演讲的主题是 %s"%(self.name, self.topic))

#多重继承
class Sample(Speaker, Student):
    a =''
    def __init__(self, n, a, w, g, t):
        Student. __init__(self, n, a, w, g)
        Speaker. __init__(self, n, t)
test = Sample("Tim", 25, 80, 4, "Python")
test.speak() #方法名同，默认调用的是在括号中参数位置排前父类的方法
```

上述代码的执行结果为：

```
我叫 Tim，我是一个演说家，我演讲的主题是 Python。
```

### 6.4.3 方法重写

方法重写是指子类可以对从父类中继承过来的方法进行重新定义，从而使得子类对象可以表现出与父类对象不同的行为。示例代码如下所示：

```
class Person:                          #定义 Person 类
    def __init__(self, name):          #定义构造方法
        self.name=name                 #将 self 对象的 name 属性赋为形参 name 的值
    def PrintInfo(self):               #定义 PrintInfo 方法
        print('姓名：%s'%self.name)
class Student(Person):                 #以 Person 类作为父类定义子类 Student
    def __init__(self, sno, name): #定义构造方法
```

```
        self.sno=sno                    #将 self 对象的 sno 属性赋为形参 sno 的值
        self.name=name                  #将 self 对象的 name 属性赋为形参 name 的值
    def PrintInfo(self):                #定义 PrintInfo 方法
        print('学号：%s，姓名：%s'%(self.sno, self.name))

if __name__=='__main__':
    p=Person('王刚')                    #创建 Person 类对象 p
    stu=Student('1741', '王刚')         #创建 Student 类对象 stu
    p.PrintInfo()
    stu.PrintInfo()
```

上述代码的执行结果为：

```
姓名：王刚
学号：1741，姓名：王刚
```

### 6.4.4　super()函数

当子类重写了父类的方法后，子类对象将无法调用父类中的方法，为解决这个问题，Python 专门提供了 super()函数用以实现对父类方法的访问。语法如下：

```
super().方法名()
```

super()函数的应用示例代码如下所示：

```
class Person:                               #定义 Person 类
    def __init__(self, name):               #定义构造方法
        print('Person 类构造方法被调用！')
        self.name=name                      #将 self 对象的 name 属性赋为形参 name 的值
class Student(Person):                      #以 Person 类作为父类定义子类 Student
    def __init__(self, sno, name):          #定义构造方法
        print('Student 类构造方法被调用！')
        super().__init__(name)              #调用父类的构造方法
        self.sno=sno                        #将 self 对象的 sno 属性赋为形参 sno 的值
class Postgraduate(Student):                #以 Student 类作为父类定义子类 Postgraduate
    def __init__(self, sno, name, boss):    #定义构造方法
        print('Postgraduate 类构造方法被调用！')
        super().__init__(sno, name)         #调用父类的构造方法
        self.boss=boss                      #将 self 对象的 boss 属性赋为形参 boss 的值
if __name__=='__main__':
    pg=Postgraduate('1741', '张三', '李四')  #创建 Postgraduate 类对象 pg
    print('学号：%s，姓名：%s，研究生导师：%s'%(pg.sno, pg.name, pg.boss))
```

上述代码的执行结果为：

```
Postgraduate 类构造方法被调用！
Student 类构造方法被调用！
Person 类构造方法被调用！
学号：1741，姓名：张三，研究生导师：李四
```

# 任务 6.5　实践活动

## 实践 6.1　借书卡业务

实际生活中，图书借阅系统在由图书卡持有人员打开时先显示欢迎界面，然后图书卡持有人员输入管理员账号与密码，图书借阅系统被启动，启动后进入系统功能页面，可观察到该页面中展示所有可办理的业务，包括开户(1)、查询(2)、借书(3)、还书(4)、退出(Q)等。用户可根据自己需求选择相应业务的编号，并按照提示完成相应的操作。

### 1. 实践分析

要实现图书借阅系统需要用到 5 种对象，分别是管理员、图书借阅机、借书卡、用户、借书卡系统。因此，我们需要设计 5 个类承担不同的职责，关于这些类的说明如下：

(1) 借书卡(Card)：负责提供借书卡对象的相关操作。

(2) 用户类(User)：负责提供用户对象的相关操作。

(3) 管理员类(Administration)：负责提供检测管理员账号与密码、显示欢迎登录界面和功能界面的相关操作。

(4) 图书借阅机类(Book)：负责处理系统中各个功能的相关操作，包括开户、查询、借书、还书、退出功能。

(5) 借书卡系统类(HomePage)：负责提供整个系统流程的相关操作，包括打印欢迎登录界面和功能界面、接收用户输入、保存用户数据等。

### 2. 代码实现

(1) 创建一个名为“实践活动”的文件夹。在该文件夹下创建 5 个.py 文件，分别为 card.py、user.py、admin.py、book.py 与“借书卡系统.py”。

(2) 在 card.py 文件中编写 Card 类的代码，具体实现代码如下所示：

```
class Card:
    def __init__(self, book_card, borrownum, returnnum, remain, cardPwd):
        self.borrownum = borrownum
        self.returnnum = returnnum
        self.remain = remain
        self.book_card = book_card
        self.cardPwd = cardPwd
```

(3) 在 user.py 文件中编写 User 类的代码，具体实现代码如下所示：

```
class User:
    def __init__(self, name, identity_card, phone, card):
        self.name = name
        self.id = identity_card
        self.phone = phone
        self.card = card
```

(4) 在 admin.py 文件中编写 Administration 类的代码，具体实现代码如下所示：

```
class Administration:
    adminUser = '123'  # 管理员的账号
    adpwd = '123'  # 管理员的密码
    def printAdminView(self):
        print("*****************************************")
        print("***                                   ***")
        print("***                                   ***")
        print("***          欢迎登录图书馆系统          ***")
        print("***                                   ***")
        print("***                                   ***")
        print("*****************************************")
    def printsysFunctionView(self):
        print("***********************************************")
        print("***                                         ***")
        print("***     1.开户(1)              2.查询(2)     ***")
        print("***     3.借书(3)              4.还书(4)     ***")
        print("***                                         ***")
        print("***     退出(Q)                              ***")
        print("***                                         ***")
        print("***********************************************")
    def adminOption(self):
        adminInput = input("请输入管理员账户：")
        if self. adminUser != adminInput:
            print("管理员账户输入错误......")
            return -1
        passwordInput = input("请输入密码：")
        if self.adpwd != passwordInput:
            print("输入密码有误......")
            return -1
        else:
```

```
        print("操作成功，请稍后......")
        return 0
```

(5) 在 book.py 文件中编写 Book 类的代码。Book 是本实践的核心类，该类中包含所有与系统功能相关的方法。由于 Book 类包含开户的功能，在实现这些功能时需要访问 Card 与 User 类的属性，而且这些类分别处于不同的 py 文件中，因此这里需使用 import 语句导入 Card 和 User 类，此时便可以在 Book 类中访问 Card 类与 User 类的属性，具体实现代码如下所示：

```
from user import User
from card import Card
```

下面分别介绍 Book 类的属性与方法。

① alluser 属性。

在 Book 类的构造方法中添加属性 alluser，具体实现代码如下所示：

```
class Book:
    def __init__(self, alluser):
        self.alluser = alluser
```

② randomiCardId()方法。

randomiCardId()方法的作用是在用户开户时生成随机借书卡号，该方法中需要借助 random 模块的函数生成随机数，也需要排除生成重复卡号的情况，具体实现代码如下所示：

```
import random
def randomiCardId(self):                    # 随机生成开户卡号
        while True:
            str_data = ''                   # 存储卡号
            for i in range(8):              # 随机生成 8 位卡号
                ch = chr(random.randrange(ord('0'), ord('9') + 1))
                str_data += ch
            if not self.alluser.get(str):   # 判断卡号是否重复
                return str_data
```

③ creatUser()方法。

creatUser()方法用于为用户开设账户，在该方法中需要用户先根据提示信息依次输入姓名、身份证号、手机号，再连续输入两次借书卡的密码(必须一致，否则因开户失败重新回到功能界面)，最后随机生成开户卡号，根据该卡号创建卡信息和用户信息，并将用户的信息存储到 alluser 中，具体实现代码如下所示：

```
    def creatUser(self):                    # 办新卡
        # 目标向用户字典中添加一个键值对(卡号、用户对象)
        name = input("请输入姓名:")
        identity_card = input("请输入身份证号:")
        phone = input("请输入手机号:")
```

```
        book_card = self.randomiCardId()

        remain = 10
        borrownum = 0
        returnnum = 0

        oncePwd = input("请输入密码：")
        passWord = input("请再次输入密码：")
        if passWord != oncePwd:
            print("两次密码输入不同......")
            return -1
        print("密码设置成功，请牢记密码:   %s " % passWord)
        # 创建卡
        card = Card(book_card, borrownum, returnnum, remain, oncePwd)
        user = User(name, identity_card, phone, card)          # 创建用户
        self.alluser[book_card] = user                         # 存入用户字典
        print("您的开户已完成，请牢记开户账号: %s" % book_card)
```

④ checkpwg()方法。

checkpwg()方法用于核对用户输入的密码，且限定最多输入 3 次，超过三次则返回 False，输入正确则返回 True，具体实现代码如下所示：

```
def checkpwg(self, Pwd):
        for i in range(3):
            password = input("请输入密码：")
            if Pwd == password:
                return True
        print("密码输错三次，系统自动退出......")
        return False
```

⑤ searchUser()方法。

searchUser()方法实现查询借书卡信息的功能，确保用户在发生借书、还书行为之前能输入正确的借书卡号，此时打印该卡号及可借书数目，并返回拥有该借书卡的用户，否则返回 -1，具体实现代码如下所示：

```
def searchUser(self):                                    # 查询借书卡信息
        inptcardId = input("请输入您的卡号：")
        user = self.alluser.get(inptcardId)
        # 如果卡号不存在，下面代码就会执行
        if not self.alluser.get(inptcardId):
            print("此卡号不存在...查询失败！")
            return -1
```

```
        if not self.checkpwg(user.card.cardPwd):          # 验证密码
            print("密码错误过多...，请稍后使用！")
            return -1
        print("卡号: %s 可借书数:%d"% (user.card. book_card, user.card.remain))
        return user
```

⑥ borrow()方法。

borrow()方法实现用户使用借书卡系统借书的功能，该方法中首先需调用 searchUser () 方法根据用户输入的卡号返回拥有该卡的用户，然后处理用户输入借书数目的情况：若输入的借书数目低于可借书数目，则将借书成功后的借书卡中已借书数目和可借书数目展示给用户，同时提示借书成功；若输入的借书数目高于可借书数目，则提示用户信息并返回系统功能界面，具体实现代码如下所示：

```
def borrow(self):                                          # 借书
        userTF = self.searchUser()
        if userTF != -1:
            if userTF.card.book_card != '':
                borrownum = int(input("请输入借书数目:"))
                if borrownum > userTF.card.remain:
                    print("借出的书多于可借的书数目！")
                    return -1
                userTF.card.remain = userTF.card.remain-borrownum
                userTF.card.borrownum = userTF.card.borrownum+borrownum
                print("借书成功！    卡号: %s     共借过: %2d    本" % (userTF.card. book_card,
userTF.card. borrownum))
                print("借书成功！    卡号: %s     还可借: %2d    本" %(userTF.card. book_card,
userTF.card. remain))
        else:
            return -1
```

⑦ returnbook ()方法。

returnbook ()方法实现用户使用借书卡管理系统还书的功能，与 borrow ()方法的功能类似，需要先查询借书卡的用户，查询结果无误后则需要用户输入要还书的数目：还书数目小于 0 提示错误信息，并返回到借书卡系统的功能界面；金额大于等于 0 则累加到借书卡的可借书目中，并向用户展示可借书目和共借书数目，具体实现代码如下所示：

```
def returnbook(self):                    # 还书
        userTF = self.searchUser()
        if userTF != -1:
            if userTF.card.book_card != '':
                returnnum = int(input("请输入要还书的数目:"))
                if returnnum < 0:
```

```
                    print("请输入正确数目")
                else:
                    userTF.card. returnnum += returnnum
                    userTF.card.remain += returnnum
                    print("还书成功！    卡号: %s     还可借本数: %d    " %(userTF.card. book_card,
userTF.card. remain))
                    print("还书成功！    卡号: %s     共还过: %2d   本" %(userTF.card. book_card,
userTF.card. returnnum))
        else:
            return -1
```

(6) 在“借书卡系统.py”文件中编写 HomePage 类的代码，具体实现代码如下所示：

```
from admin import Administration
from book import Book
import time
class HomePage:
    def __init__(self):
        self.allUserD = {}                          # 使用字典存储数据
        self.book = Book(self.allUserD)
        self.admin = Administration()               # 管理员开机界面
    def saveUser(self):
        self.allUserD.update(self.book.alluser)
        print("数据存盘成功")
    def main(self):
        self.admin.printAdminView()
        resL = self.admin.adminOption()
        if not resL:
            while True:
                self.admin.printsysFunctionView()
                option = input("请输入您的操作：")
                if option not in ("1", "2", "3", "4", "Q", "q"):
                    print("输入操作项有误，请仔细确认！")
                    time.sleep(1)
                if option == "1":  # 开户
                    self. book.creatUser()
                elif option == "2":  # 查询
                    self. book.searchUser()
                elif option == "3":  # 借书
                    self. book.borrow()
```

```
            elif option == "4":   # 还书
                self. book.returnbook()
            elif option.upper() == "Q":
                if not (self.admin.adminOption()):
                    self.saveUser()
                    print('退出系统')
                    return -1
```

(7) 在“借书卡系统.py”文件中，创建 HomePage 类对象，调用 main()函数，具体实现代码如下所示：

```
if __name__ == "__main__":
    homepage = HomePage()
    homepage.main()
```

至此，程序的全部功能都已实现。

## 实践 6.2　银行管理系统

银行是依法成立的经营货币信贷业务的金融机构，是商品货币经济发展到一定阶段的产物。随着科技的发展，计算机技术早已在银行中广泛应用。银行管理系统是一个集开户、查询、取款、存款、转账、锁定、解锁、退出等一系列功能的管理系统。该系统中各功能的介绍如下：

(1) 开户功能：用户在 ATM 机上根据提示“请输入姓名:”“请输入身份证号:”“请输入手机号:”依次输入姓名、身份证号、手机号、预存金额、密码等信息，如果开户成功，系统随机生成一个不重复的 6 位数字卡号。

(2) 查询功能：根据用户输入的卡号、密码查询卡中余额，如果连续 3 次输入错误密码，该卡号会被锁定。

(3) 取款功能：首先根据用户输入的卡号、密码显示卡中余额。如果连续 3 次输入错误密码，该卡号会被锁定；然后接收用户输入的取款金额，如果取款金额大于卡中余额或取款金额小于 100 系统进行提示并返回功能页面。

(4) 存款功能：首先根据用户输入的卡号、密码显示卡中余额，如果连续 3 次输入错误密码。该卡号会被锁定，然后接收用户输入的存款金额；如果存款金额小于 0，系统进行提示并返回功能页面。

(5) 转账功能：用户需要分别输入转出卡号与转入卡号，如果连续 3 次输入错误密码，卡号会被锁定。当输入转账金额后，需要用户再次确认是否执行转账功能；如果确定执行转账功能后，转出卡与转入卡做相应金额计算；如果取消转账功能，则返回之前操作。

(6) 锁定功能：根据输入的卡号、密码执行锁定功能，锁定之后该卡不能执行查询、取款、存款、转账等操作。

(7) 解锁功能：根据输入的卡号、密码执行解锁功能，解锁后的卡，能够执行查询、取款、存款、转账等操作。

(8) 存盘功能：执行存盘功能后，程序执行的数据会写入本地文件中。

(9) 退出功能：执行退出功能时，需要输入管理员的账户密码。如果输入的账号密码错误，则返回功能页面；如果输入的账号密码正确，则执行存盘并退出系统。

本实践要求编写程序，实现一个具有上述功能的银行管理系统。

### 1. 实践分析

要实现银行管理系统需要银行管理系统、admin、atm、用户、银行卡这五个部分组成。因此，我们需要设计5个部分承担不同的职责，关于这些内容的说明如下：

(1) 银行管理系统：负责提供整个系统流程的相关操作，包括打印欢迎登录界面和功能界面、接收用户输入、保存用户数据等。

(2) 管理类(admin)：负责处理系统中各个功能的相关操作，包括银行管理系统中的开户、查询、取款、存款、转账、锁定、解锁、退出等一系列功能。

(3) ATM类(atm)：负责提供用户在ATM机上根据提示"请输入姓名:""请输入身份证号:""请输入手机号:"，依次输入姓名、身份证号、手机号、预存金额、密码等信息，如果开户成功，系统随机生成一个不重复的6位数字卡号。

(4) 用户类(user)：负责提供用户对象的相关操作。

(5) 银行卡(card)：负责提供银行卡对象的相关操作。

### 2. 代码实现

本实践的具体实现代码如下所示：

(1) 创建一个名为"实践活动"的文件夹。在该文件夹下创建5个.py文件，分别为card.py、user.py、admin.py、atm.py和银行管理系统.py。

(2) 在card.py文件中编写Card类的代码，具体实现代码如下所示：

```
class Card:
    def __init__(self, cardId, cardPwd, money):
        self.cardId = cardId
        self.cardPwd = cardPwd
        self.money = money
        self.cardLock = False
```

(3) 在user.py文件中编写User类的代码，具体实现代码如下所示：

```
class User:
    def __init__(self, name, id, phone, card):
        self.name = name
        self.id = id
        self.phone = phone
        self.card = card
```

(4) 在admin.py文件中编写Administration类的代码，具体实现代码如下所示：

```
class Admin_bank:
    adminU = '1'        # 管理员的账号
    adpwd = '1'         # 管理员的密码
```

```
    def printAdminView(self):
        print("**********************************************")
        print("***                                      ***")
        print("***                                      ***")
        print("***          欢迎登录银行管理系统          ***")
        print("***                                      ***")
        print("***                                      ***")
        print("**********************************************")

    def printsysFunctionView(self):
        print("***************************************************")
        print("***                                           ***")
        print("***    1.开户(1)              2.查询(2)     ***")
        print("***    3.取款(3)              4.存款(4)     ***")
        print("***    5.转账(5)              6.锁定(6)     ***")
        print("***    7.解锁(7)                            ***")
        print("***                                           ***")
        print("***    退出(Q)                              ***")
        print("***                                           ***")
        print("***************************************************")

    def adminOption(self):
        adminInput = input("请输入管理员账户：")
        if self.adminU != adminInput:
            print("管理员账户输入错误......")
            return -1
        passwordInput = input("请输入密码：")
        if self.adpwd != passwordInput:
            print("输入密码有误......")
            return -1
        else:
            print("操作成功，请稍后......")
            return 0
```

(5) 在 ATM.py 文件中编写代码，具体实现代码如下所示：

```
from user import User
from card import Card
import random
```

```
class ATM:
    def __init__(self, alluser):
        self.alluser = alluser

    def randomiCardId(self):  # 随机生成开户卡号
        while True:
            str_data = ''  # 存储卡号
            for i in range(6):  # 随机生成 6 位卡号
                ch = chr(random.randrange(ord('0'), ord('9') + 1))
                str_data += ch
            if not self.alluser.get(str):  # 判断卡号是否重复

                return str_data
    def creatUser(self):
        # 目标向用户字典中添加一个键值对（卡号、用户对象）
        name = input("请输入姓名:")
        Uid = input("请输入身份证号:")
        phone = input("请输入手机号:")
        prestMoney = float(input("请输入预存金额:"))
        if prestMoney <= 0:
            print("预存款输入有误，开户失败")
            return -1
        oncePwd = input("请输入密码：")
        passWord = input("请再次输入密码：")
        if passWord != oncePwd:
            print("两次密码输入不同......")
            return -1
        print("密码设置成功，请牢记密码:  %s " % passWord)
        cardId = self.randomiCardId()
        card = Card(cardId, oncePwd, prestMoney)  # 创建卡
        user = User(name, Uid, phone, card)  # 创建用户
        self.alluser[cardId] = user  # 存入用户字典
        print("您的开户已完成，请牢记开户账号: %s" % cardId)

    def checkpwg(self, realPwd):
        for i in range(3):
            psd2 = input("请输入密码：")
            if realPwd == psd2:
```

```
            return True
        print("密码输错三次，系统自动退出......")
        return False

    def lockCard(self):
        inptcardId = input("请输入您的卡号：")
        user = self.alluser.get(inptcardId)
        if not self.alluser.get(inptcardId):
            print("此卡号不存在...锁定失败！")
            return -1
        if user.card.cardLock:
            print("该卡已经被锁定，无需再次锁定！")
            return -1
        if not self.checkpwg(user.card.cardPwd):  # 验证密码
            print("密码错误...锁定失败！！")
            return -1
        user.card.cardLock = True
        print("该卡被锁定成功！")

    def searchUser(self, base=1):
        if base == 2:
            inptcardId = input("请输入转出主卡号：")
        elif base == 3:
            inptcardId = input("请输入转入卡号：")
        elif base == 1:
            inptcardId = input("请输您的卡号：")
        user = self.alluser.get(inptcardId)
        # 如果卡号不存在，下面代码就会执行
        if not self.alluser.get(inptcardId):
            print("此卡号不存在...查询失败！")
            return -1
        if user.card.cardLock:
            print("该用户已经被锁定...请解卡后使用！")
            return -1
        if not self.checkpwg(user.card.cardPwd):  # 验证密码
            print("密码错误过多...卡已经被锁定，请解卡后使用！")
            user.card.cardLock = True
            return -1
```

```
            if not base == 3:  # 查询转入账户　不打印余额
                print("账户: %s　余额: %.2f　" %
                      (user.card.cardId, user.card.money))
            return user

    def getMoney(self):
        userTF = self.searchUser()
        if userTF != -1:
            if userTF.card.cardId != '':
                inptMoney = float(input("请输入取款金额:"))
                if inptMoney > int(userTF.card.money):
                    print("输入的金额大于余额，请先查询余额！")
                    return -1
                userTF.card.money = \
                    float(userTF.card.money) - inptMoney
                print("取款成功！　账户: %s　余额: %.2f　" %
                      (userTF.card.cardId, userTF.card.money))
        else:
            return -1
    def saveMoney(self):
        userTF = self.searchUser()
        if userTF != -1:
            if not userTF.card.cardLock == True:
                if userTF.card.cardId != '':
                    inptMoney = float(input("请输入要存入的金额:"))
                    if inptMoney < 0:
                        print("请输入正确金额")
                    else:
                        userTF.card.money += inptMoney
                        print("存款成功！　账户: %s　余额: %.2f　" %
                              (userTF.card.cardId, userTF.card.money))
        else:
            return -1

    def transferMoney(self):
        MasterTF = self.searchUser(base=2)
        if (MasterTF == -1):
            return -1
        userTF = self.searchUser(base=3)
```

```
        if (userTF == -1):
            return -1
        in_tr_Money = float(input("请输入转账金额："))
        if MasterTF.card.money >= in_tr_Money:
            str = input("您确认要继续转账操作吗（y/n）？：")
            if str.upper() == "Y":
                MasterTF.card.money -= in_tr_Money
                userTF.card.money += in_tr_Money
                print("转账成功！   账户: %s    余额: %.2f  " %
                      (MasterTF.card.cardId, MasterTF.card.money))
            else:
                print("转账失败，中止了操作")
        else:
            print("转账失败,余额不足！   账户: %s    余额: %.2f  " %
                  (MasterTF.card.cardId, MasterTF.card.money))

    def unlockCard(self):
        inptcardId = input("请输入您的卡号：")
        user = self.alluser.get(inptcardId)
        while 1:
            if not self.alluser.get(inptcardId):
                print("此卡号不存在...解锁失败！")
                return -1
            elif not user.card.cardLock:
                print("该卡未被锁定，无需解锁！")
                break
            elif not self.checkpwg(user.card.cardPwd):
                print("密码错误...解锁失败！！")
                return -1
                user.card.cardLock = False  # 解锁
            print("该卡 解锁 成功！")
            break
```

(6) 在银行管理系统.py 文件中编写代码，具体实现代码如下所示：

```
from admin import Admin_bank
from atm import ATM
import time
class HomePage:
    def __init__(self):
```

```
        self.allUserD = {}  # 使用字典存储数据
        self.atm = ATM(self.allUserD)
        self.admin = Admin_bank()  # 管理员开机界面
    def saveUser(self):
        self.allUserD.update(self.atm.alluser)
        print("数据存盘成功")
    def main(self):
        self.admin.printAdminView()
        resL = self.admin.adminOption()
        if not resL:
            while True:
                self.admin.printsysFunctionView()
                option = input("请输入您的操作：")
                if option not in ("1", "2", "3", "4", "5",
                                  "6", "7", "S", "Q", "q"):
                    print("输入操作项有误,请仔细确认！")
                    time.sleep(1)
                if option == "1":  # 开户
                    self.atm.creatUser()
                elif option == "2":  # 查询
                    self.atm.searchUser()
                elif option == "3":  # 取款
                    self.atm.getMoney()
                elif option == "4":  # 存储
                    self.atm.saveMoney()
                elif option == "5":  # 转账
                    self.atm.transferMoney()
                elif option == "6":  # 锁定
                    self.atm.lockCard()
                elif option == "7":  # 解锁
                    self.atm.unlockCard()
                elif option.upper() == "Q":
                    if not (self.admin.adminOption()):
                        self.saveUser()
                        print('退出系统')
                        return -1
if __name__ == "__main__":
    homepage = HomePage()
    homepage.main()
```

至此，程序的全部功能都已实现。

## 一、选择题

1. 关于 python 类 说法错误的是(　　)。

A. 类的实例方法必须创建对象后才可以调用

B. 类的实例方法必须创建对象前才可以调用

C. 类的类方法可以用对象和类名来调用

D. 类的静态属性可以用类名和对象来调用

2. 定义类如下，则下列选项中的代码能正常执行的是(　　)。

```
class Hello():
def   init (self, name)
self.name=name
def showInfo(self)
print(self.name)
```

A.　h = Hello
　　h.showInfo()

B.　h = Hello()
　　h.showInfo('张三')

C.　h = Hello('张三')
　　h.showInfo()

D.　h = Hello('admin')
　　showInfo

## 二、判断题

1. 定义类时所有实例方法的第一个参数用来表示对象本身，在类的外部通过对象名来调用实例方法时不需要为该参数传值。(　　)

2. 对于 Python 类中的私有成员，可以通过“对象名._类名__私有成员名”的方式来访问。(　　)

3. 如果定义类时没有编写析构函数，Python 将提供一个默认的析构函数进行必要的资源清理工作。(　　)

4. 在派生类中可以通过“基类名.方法名()”的方式来调用基类中的方法。(　　)

5. 在 Python 中定义类时，实例方法的第一个参数名称必须是 self。(　　)

6. 定义类时，在一个方法前面使用@classmethod 进行修饰，则该方法属于类方法。(　　)

7. 定义类时，在一个方法前面使用@staticmethod 进行修饰，则该方法属于静态方法。(　　)

8. 通过对象不能调用类方法和静态方法。　( )

9. Python 类不支持多继承。　( )

10. 在设计派生类时，基类的私有成员默认是不会继承的。　( )

## 三、简答题

1. __new__ 和 __init__ 的区别？

2. Python 面向对象的继承有什么特点？

# 项目 7 文件和目录操作

程序运行过程中使用变量保存运行时产生的临时数据，但当程序运行结束后，所产生的数据也会随之消失。在 Python 中可以将产生的数据保存到文件中，在操作文件时不同的文件所处位置不同，因此就需要对文件的路径进行操作。

**知识目标：**

(1) 掌握文件的打开与关闭操作。
(2) 掌握文件读取的相关方法。
(3) 掌握文件写入的相关方法。
(4) 熟悉文件的拷贝与重命名。
(5) 了解文件夹的创建、删除等操作。
(6) 掌握与文件路径相关的操作。

**思政目标：**

(1) 通过文件和目录操作的学习，引导学生积极储备知识，储备能力，养精蓄锐，才能在用到的时候发挥作用。

(2) 通过这一项目的学习，养成代码、数据要及时整理保存，并要经常性维护，成为精益求精的“匠人”，在祖国的信息化建设中发光发热。

## 任务 7.1 文件的使用

### 7.1.1 文件概述

文件用于保存数据。把一些数据用文件保存后，程序在下一次执行的时候就可以直接使用，而不必重新制作一份，省时省力。

### 7.1.2 文件的打开与关闭

#### 1. 打开文件

open()方法用于打开一个文件，并返回文件对象。在对文件进行处理时都需要使用到

open()函数，如果该文件无法被打开则抛出“OSError 异常”。

注意：

(1) 使用 open()方法打开文件，处理完后一定要保证关闭文件对象，即调用 close()方法。

(2) open()函数常用形式是接收两个参数：文件名(file)和模式(mode)。语法格式如下所示：

```
open(file, mode='r')
```

参数说明：

• file：必需，文件路径(相对或者绝对路径)。

• mode：可选，文件打开模式。

文件打开模式如表 7-1 所示。

**表 7-1　文件访问模式**

| 访问模式 | 说　明 |
| --- | --- |
| r | 以只读方式打开文件。文件的指针将会放在文件的开头(默认模式) |
| w | 以只写方式打开文件。如果该文件已存在则将其覆盖；如果该文件不存在则创建文件 |
| a | 以追加方式打开文件。如果该文件已存在则文件指针位于文件的结尾，新的内容将被写入已有内容之后；如果该文件不存在则创建文件进行写入 |
| rb | 以二进制格式打开文件用于只读。文件指针位于文件开头(默认模式) |
| wb | 以二进制格式打开文件用于写入。如果该文件已存在则将其覆盖；如果该文件不存在则创建新文件 |
| ab | 以二进制格式打开文件用于追加。如果该文件已存在，则文件指针位于文件的结尾，新的内容将被写入已有内容之后；如果该文件不存在则创建新文件进行写入 |
| r+ | 以读写方式打开文件。文件指针位于文件开头 |
| w+ | 以读写方式打开文件。如果该文件已存在则将其覆盖；如果该文件不存在则创建新文件 |
| a+ | 以读写方式打开文件。如果该文件已存在，则文件指针位于文件结尾；如果该文件不存在则创建新文件用于读写 |
| rb+ | 以二进制格式打开一个文件用于读写。文件指针位于文件的开头 |
| wb+ | 以二进制格式打开一个文件用于读写。如果该文件已存在则将其覆盖；如果该文件不存在则创建新文件 |
| ab+ | 以二进制格式打开文件用于追加。如果该文件已存在，文件指针位于文件结尾；如果该文件不存在则创建新文件用于读写 |

打开当前路径下的文件 101.txt 并写入两行内容：① Python 是一种人工智能时代主要应用的语言；② Python!!。代码如下所示：

```
# 打开一个文件
f = open("101.txt", "w")
f.write("Python 是一种人工智能时代主要应用的语言。\nPython!!\n")
```

```
# 关闭打开的文件
f.close()
```

上述代码的执行结果为在 101.txt 文件中写入：

```
Python 是一种人工智能时代主要应用的语言。
Python!!
```

**2. 关闭文件**

命令格式：文件对象.close()

关闭文件是指当处理完一个文件后，调用 close()方法关闭文件并释放系统的资源。文件关闭后，如果尝试再次调用该文件对象，则会抛出异常。忘记调用 close()的后果是数据可能只写了一部分到磁盘，剩下的则丢失了，或是其他更糟糕的结果。

### 7.1.3　文件的读写

**1. 读文件**

1) f.read(size)

f.read(size)表示读取 size 大小的数据，然后作为字符串或字节对象返回。size 是一个可选的数字类型的参数，用于指定读取的数据量。当 size 被忽略或者为负值，那么该文件的所有内容都将被读取并且返回。下面打开了一个 f 文件对象(1.txt)，并将文件所有内容打印出来：

```
f = open("1.txt", "r")
str = f.read()
print(str)
f.close()
```

如果文件体积较大，不要使用 read()方法一次性读入内存，而是使用 read(312)方法一点一点地读入内存。

2) f.readline()

f. readline ()表示从文件中读取一行内容。换行符为'\n'。如果返回一个空字符串，说明已经读取到最后一行。这种方法，通常是在读一行处理一行的情况下使用。示例代码如下所示：

```
f = open("1.txt", "r")
str = f.readline()
print(str)
f.close()
```

3) f.readlines()

f.readlines()表示将文件中所有的行，一行一行全部读入一个列表内，按顺序一个一个作为列表的元素，并返回这个列表。readlines()方法会一次性将文件全部读入内存，所以也存在一定的弊端，但是它有个好处，每行都保存在列表里，可随意存取。示例代码如下：

```
f = open("1.txt", "r")
a = f.readlines()
print(a)
f.close()
```

4) 遍历文件

实际情况中，我们会将文件对象作为一个迭代器来使用。示例代码如下：

```
# 打开一个文件
f = open("1.txt", "r")
for line in f:
    print(line, end='')
# 关闭打开的文件
f.close()
```

这个方法很简单，不需要将文件一次性读出，但是同样没有提供一个很好的控制，与readline()方法一样只能前进，不能回退。

下面将几种不同的读取和遍历文件的方法比较：

(1) 如果文件很小，read()一次性读取最方便；

(2) 如果不能确定文件大小，反复调用 read(size)比较保险；

(3) 如果是配置文件，调用 readlines()最方便。如果是普通文件则使用 for 循环更好，速度更快。

### 2. 写文件

1) f.write ()

使用 write()可以完成向文件写入数据。示例代码如下所示：

```
# 打开一个文件
f = open("foo.txt", "w")
f.write("Python 是一种非常好的语言。\n 我喜欢 Python!!\n")
# 关闭打开的文件
f.close()
```

2) writelines()

writelines()方法用于向文件中写入一序列的字符串。这一序列字符串可以是由迭代对象产生的，如一个字符串列表。换行需要制定换行符“\n”。writelines()方法语法如下：

```
fileObject.writelines( [ str ])
```

- 参数：str 是要写入文件的字符串序列。
- 返回值：该方法没有返回值。

打开当前路径下的 test.txt 文件并写入两行内容：(1) 好好学习；(2) 天天向上。代码如下所示：

```
# 打开文件
fo = open("test.txt", "w")
```

```
print ("文件名为: ", fo.name)
seq = ["好好学习\n", "天天向上"]
fo.writelines( seq )
# 关闭文件
fo.close()
```

上述代码的执行结果为：

```
文件名为:  test.txt
```

可以发现文件 test.txt 中已写入如下内容：

```
好好学习
天天向上
```

# 任务 7.2 格式化数据的读写方法

## 7.2.1 CSV 格式化数据的读写方法

CSV(Comma Separated Values)格式是电子表格和数据库中最常见的输入、输出文件格式。逗号分隔值(Comma-Separated Values，CSV，有时也称为字符分隔值，因为分隔字符也可以不是逗号)文件以纯文本形式存储表格数据(数字和文本)。CSV 文件由任意数目的记录组成，记录间以某种换行符分隔；每条记录由字段组成，字段间的分隔符是其他字符或字符串，最常见的是逗号或制表符。通常，所有记录都有完全相同的字段序列。

CSV 模块中的 reader 类和 writer 类可用于读写序列化的数据，也可使用 DictReader 类和 DictWriter 类以字典的形式读写数据，特点如下：

① 读取出的数据一般为字符类型，如果是数字需要人为转换为数字。

② 以行为单位读取数据。

③ 列之间以半角逗号或制表符分隔，一般为半角逗号。

④ 一般地，每行开头不空格，第一行是属性列，数据列之间以间隔符为间隔，无空格，行之间无空行。

⑤ 减少存储信息的容量，极大限度地减少了系统运行时的 I/O 消耗，以提高识别系统的整体运行速度。

### 1. CSV 文件的写操作

1) 使用 writer()创建对象

使用 writer()创建对象，语法格式为：csv.writer(f)，其中参数 f 是 open()函数打开的文件对象。

CSV 文件使用 writer()方法创建对象，使用 writerow()方法进行写操作。CSV 文件的写入步骤如下：

创建文件：open()

创建对象：writer()

写入内容：writerow()

关闭文件：close()

示例代码如下所示：

```
import csv
headers = ['username', 'age', 'number']
value = [
    ('张三', 18, 1),
    ('李四', 19, 2),
    ('王五', 20, 3)
]
with open("mate.csv", 'w', encoding='utf-8_sig', newline='') as fp:
# newline='' 参数可以避免 csv 文件出现两倍的行距，避免表格的行与行之间出现空白行。
# encoding='utf-8_sig' 可以避免编码问题导致的报错或乱码
    writer=csv.writer(fp)
    writer.writerow(headers)
    writer.writerows(value)
fp.close()
```

上述代码的执行结果如图 7-1 所示。

| | A | B | C |
|---|---|---|---|
| 1 | username | age | number |
| 2 | 张三 | 18 | 1 |
| 3 | 李四 | 19 | 2 |
| 4 | 王五 | 20 | 3 |

图 7-1 运行结果

CSV 文件可以使用 writerow()方法写入一行数据，也可以使用 writerows ()方法全部写入。

2) 使用 DictWriter()创建对象

使用 DictWriter()创建对象，语法格式为：csv.DictWriter(f, fieldnames)，其中参数 f 是 open()函数打开的文件对象，参数 fieldnames 用来设置文件的表头。示例代码如下所示：

```
import csv
headers = ['name', 'age', 'class']
value = [
    {'name':'张三', 'age':18, 'class': '0501'},
```

```
        {'name':'李四', 'age':19, 'class': '0402'},
        {'name':'王五', 'age':20, 'class': '0303'}
]
with open("classmate.csv", 'w', encoding='utf-8_sig', newline='') as fp:
 #默认 newline='\n'
    writer = csv.DictWriter(fp, headers)
    writer.writeheader()
    writer.writerows(value)
fp.close()
```

上述代码的执行结果如图 7-2 所示。

| | A | B | C |
|---|---|---|---|
| 1 | name | age | class |
| 2 | 张三 | 18 | 501 |
| 3 | 李四 | 19 | 402 |
| 4 | 王五 | 20 | 303 |

图 7-2　运行结果

CSV 文件可以使用 writeheader()方法写入表头信息。

**2. CSV 文件的读操作**

使用 reader()读取 CSV 文件的内容，示例代码如下所示:

```
import csv
csv_file = open('ex0705.csv', 'w', newline='', encoding='utf=8')
writer = csv.writer(csv_file)
# 用 csv.writer()函数创建一个 writer 对象
writer.writerow(['电影', '豆瓣评分'])
writer.writerow(['2012', '9.1'])
writer.writerow(['指环王', '9.6'])
writer.writerow(['阿甘正传', '9.7'])
writer.writerow(['肖申克的救赎', '9.8'])
# writerow()函数里需要放入列表参数，内容需要写成列表。
csv_file.close()                    # 写完后关闭文件。
# 读取：
file = open('ex0705.csv', 'r', newline='', encoding='utf-8')
reader = csv.reader(file)           # 创建一个 reader 对象
for i in reader:
      print(i)
file.close()
```

上述代码的执行结果为：

```
['电影', '豆瓣评分']
['2012', '9.1']
['指环王', '9.6']
['阿甘正传', '9.7']
['肖申克的救赎', '9.8']
```

## 7.2.2　XML 格式化数据的读写方法

### 1. 什么是 XML?

XML 指可扩展标记语言(eXtensible Markup Language)，标准通用标记语言的子集，是一种用于标记电子文件使其具有结构性的标记语言。

XML 被设计用来传输和存储数据。它是一套定义语义标记的规则，这些标记将文档分成许多部件并对这些部件加以标识；同时也是元标记语言，即定义了用于定义其他与特定领域有关的、语义的、结构化的标记语言的句法语言。

### 2. Python 对 XML 的解析

Python 有三种方法解析 XML，即 SAX、DOM 以及 ElementTree。

### 3. 解析读取 XML

Movie.xml 是示例数据，读取并解析 XML 文件 Movie.xml 的步骤如下：

(1) 导入 xml.etree.ElementTree.parse 模块。

(2) 获取 xml 数据文件中根结点的标签及属性。

(3) 在迭代结点间打印输出子结点的名称和属性。

(4) 打印出子结点内部<description>标签的属性。

(5) 找到所有子结点，打印子结点的名称及评分。

Movie.xml 文件的代码内容如下所示：

```
<?xml version="2.0"?>
<collection>
<movie title ="肖申克的救赎">
    <type>War, Thriller, action, criminal</type>
    <format>DVD</format>
    <year>1994</year>
    <stars>10</stars>
    <description>Talk about a story about Prison Break</description>
</movie>
<movie title="2012">
    <type>Anime, Science Fiction</type>
    <format>DVD</format>
```

```
        <year>2009</year>
        <stars>9</stars>
        <description>A science fiction</description>
    </movie>
    <movie title="pearl harbor">
        <type>War, Thriller, action, criminal</type>
        <format>DVD</format>
        <year>2001</year>
        <stars>9</stars>
        <description>Talk about a US-Japan war</description>
    </movie>
    </collection>
```

解析 Movie.xml 文件示例代码如下所示：

```
import xml.etree.ElementTree as MTR
tree=MTR.parse('Movie.xml')
root=tree.getroot()
print(root.tag)
for child in root:
    print(child.tag, child.attrib)
for description in root.iter('description'):
    print(description.text)
for movie in root.findall('movie'):
    stars = movie.find('stars').text
    title= movie.get('title')
    print(title, stars)
```

以上程序代码分析如下：

步骤 1：解析 XML 文件。

导入 xml 模块，使用模块中的 xml.etree.ElementTree.parse()方法对 XML 文件进行数据解析代码：

```
import xml.etree.ElementTree as MTR
tree=MTR.parse('Movie.xml')
```

步骤 2：寻找根结点。

```
root=tree.getroot()
print(root.tag)
```

上述代码的执行结果为：

```
Collection
```

步骤 3：遍历子结点。

```
for child in root:
    print(child.tag, child.attrib)
```

上述代码的执行结果为：

```
movie {'title': '肖申克的救赎'}
movie {'title': '2012'}
movie {'title': 'pearl harbor'}
```

步骤4：打印子结点属性。

```
for description in root.iter(' description'):
    print(description.attrib)
```

上述代码的执行结果为：

```
Talk about a story about Prison Break
A science fiction
Talk about a US-Japan war
```

步骤5：打印子结点名称及评分。

```
for movie in root.findall(' movie'):
    stars = movie.find('stars').text
    title= movie.get('title')
    print(title, stars)
```

上述代码的执行结果为：

```
肖申克的救赎 10
2012 9
pearl harbor 9
```

### 7.2.3 JSON格式化数据的读写方法

#### 1. JSON介绍

JSON(JavaScript Object Notation) 是一种轻量级的数据交换格式。它基于 ECMAScript (欧洲计算机协会制定的 JavaScript 规范)的一个子集，采用完全独立于编程语言的文本格式来存储和表示数据。简洁和清晰的层次结构使得 JSON 成为理想的数据交换语言。JSON 易于阅读和编写，同时也易于机器解析和生成，并有效地提升网络传输效率。

#### 2. Python 3对JSON数据解析

Python 3 中可以使用 json 模块来对 JSON 数据进行编解码，它包含了两个函数：

json.dumps()：对数据进行编码。

json.loads()：对数据进行解码。

在 JSON 的编解码过程中，Python 的原始类型与 JSON 类型会相互转换，具体的转化对照如表 7-2、表 7-3 所示。

表 7-2　Python 序列化编码转换为 JSON 类型转换对应表

| Python | JSON |
|---|---|
| dict | object |
| list, tuple | array |
| str | string |
| int, float, int- & float-derived Enums | number |
| True | true |
| False | false |
| None | null |

表 7-3　JSON 反序列化解码转换为 Python 类型转换对应表

| JSON | Python |
|---|---|
| object | dict |
| array | list |
| string | str |
| number (int) | int |
| number (real) | float |
| true | True |
| false | False |
| null | None |

### 3. json 模块中的常见函数的应用

(1) 使用 dumps()函数完成字典对象的序列化存储操作，示例代码如下所示：

```
import json
# Python 字典类型转换为 JSON 对象
data = {
'no' : 5,
'name' : 'sina',
'url' : 'http://www.sina.com.cn'
}
json_str = json.dumps(data)
print ("Python 原始数据：", repr(data))
print ("JSON 对象：", json_str)
```

上述代码的执行结果为：

```
Python 原始数据：{'no': 5, 'name': 'sina', 'url': 'http://www.sina.com.cn'}
JSON 对象：{"no": 5, "name": "sina", "url": "http://www.sina.com.cn"}
```

(2) 使用 loads()函数完成 JSON 字符串的对象类型转换。

对于上面的程序，我们可以将一个 JSON 编码的字符串转换回一个 Python 数据结构，示例代码如下所示：

```
import json
# Python 字典类型转换为 JSON 对象
data1 = {
'number' : 10000,
'name' : '新浪',
'url' : 'http://www.sina.com.cn'
}
json_str = json.dumps(data1)
print ("Python 原始数据：", repr(data1))
print ("JSON 对象：", json_str)
# 将 JSON 对象转换为 Python 字典
data2 = json.loads(json_str)
print ("data2['number']: ", data2['number'])
print ("data2['name']: ", data2['name'])
print ("data2['url']: ", data2['url'])
```

上述代码的执行结果为：

```
Python 原始数据：{'number': 10000, 'name': '新浪', 'url': 'http://www.sina.com.cn'}
JSON 对象：{"number": 10000, "name": "\u65b0\u6d6a", "url": "http://www.sina.com.cn"}
data2['number']:  10000
data2['name']:  新浪
data2['url']:  http://www.sina.com.cn
```

(3) json.dump()与 json.load()。

如果你要处理的是文件而不是字符串，你可以使用 json.dump()和 json.load()来编码和解码 JSON 数据。例如：

```
# 写入 JSON 数据
with open('data.json', 'w') as f:
    json.dump(data, f)

# 读取数据
with open('data.json', 'r') as f:
    data = json.load(f)
```

# 任务 7.3　文件路径操作

## 7.3.1　相对路径与绝对路径

### 1. 什么是当前工作目录

每个运行在计算机上的程序，都有一个“当前工作目录”(或 cwd)。所有没有从根文件夹开始的文件名或路径，都假定在当前工作目录下。

在 Python 中，利用 os.getcwd()函数可以取得当前工作路径的字符串，还可以利用 os.chdir()改变它。例如，在交互式环境中输入以下代码：

```
>>> import os
>>> os.getcwd()
'C:\\Users\\mengma\\Desktop'
>>> os.chdir('C:\\Windows\\System32')
>>> os.getcwd()
'C:\\Windows\\System32'
```

可以看到，原本当前工作路径为“C:\\Users\\mengma\\Desktop”(也就是桌面)，通过 os.chdir()函数，将其改成了“C:\\Windows\\System32”。

需要注意的是：如果使用 os.chdir()修改的工作目录不存在，Python 解释器会报错。

### 2. 什么是绝对路径与相对路径

明确一个文件所在的路径，有两种表示方式，分别是：

(1) 绝对路径：是从根文件夹开始的路径，Window 系统中以盘符(C:、D:)作为根文件夹，而 OS X 或者 Linux 系统中以“/”作为根文件夹。

(2) 相对路径：指的是文件相对于当前工作目录所在的位置。例如，当前工作目录为“C:\Windows\System32”，若文件 demo.txt 就位于这个 System32 文件夹下，则 demo.txt 的相对路径表示为“.\demo.txt”(其中“.\”就表示当前所在目录)。

在使用相对路径表示某文件所在的位置时，除了经常使用“.\”表示当前所在目录之外，还会用到“..\”表示当前所在目录的父目录。

### 3. Python 处理绝对路径和相对路径

Python os.path 模块提供了一些函数，可以实现绝对路径和相对路径之间的转换，以及检查给定的路径是否为绝对路径，例如：

(1) 调用 os.path.abspath(path)将返回 path 参数的绝对路径的字符串，这是将相对路径转换为绝对路径的简便方法。

(2) 调用 os.path.isabs(path)，如果参数是一个绝对路径，就返回 True，如果参数是一个相对路径，就返回 False。

在交互式环境中尝试使用上面提到的函数：

```
>>>import os
>>>os.getcwd()
'C:\\Windows\\System32'
>>> os.path.abspath('.')
'C:\\Windows\\System32'
>>> os.path.abspath('.\\Scripts')
'C:\\Windows\\System32\\Scripts'
>>> os.path.isabs('.')
False
>>> os.path.isabs(os.path.abspath('.'))
True
```

### 7.3.2　检测路径的有效性

如果提供的路径不存在，许多 Python 函数就会崩溃并报错。os.path 模块提供了以下函数用于检测给定的路径是否存在，以及判断它是文件还是文件夹：

(1) 如果 path 参数所指的文件或文件夹存在，调用 os.path.exists(path)将返回 True，否则返回 False。

(2) 如果 path 参数存在，并且是一个文件，调用 os.path.isfile(path)将返回 True，否则返回 False。

(3) 如果 path 参数存在，并且是一个文件夹，调用 os.path.isdir(path)将返回 True，否则返回 False。

下面是在交互式环境中尝试使用这些函数的结果：

```
>>> os.path.exists('C:\\Windows')
True
>>> os.path.exists('C:\\some_made_up_folder')
False
>>> os.path.isdir('C:\\Windows\\System32')
True
>>> os.path.isfile('C:\\Windows\\System32')
False
>>> os.path.isdir('C:\\Windows\\System32\\calc.exe')
False
>>> os.path.isfile('C:\\Windows\\System32\\calc.exe')
True
```

### 7.3.3　路径的拼接

os.path.join()函数用于拼接文件路径。os.path.join()函数中可以传入多个路径，会从第一个以“/”开头的参数开始拼接，之前的参数全部丢弃。若出现“./”开头的参数，会从“./”开头的参数的上一个参数开始拼接。示例代码如下所示：

```
import os
print("1:", os.path.join('aaaa', '/bbbb', 'ccccc.txt'))
print("2:", os.path.join('/aaaa', '/bbbb', '/ccccc.txt'))
print("3:", os.path.join('aaaa', './bbb', 'ccccc.txt'))
print("4:", os.path.join('/aaaa', 'bbbb', 'ccccc.txt'))
```

上述代码的执行结果为：

```
1: /bbbb\ccccc.txt
2: /ccccc.txt
3: aaaa\./bbb\ccccc.txt
4: /aaaa\bbb\ccccc.txt
```

# 任务 7.4　实 践 活 动

## 实践 7.1　批量创建文件夹

在指定的目录中(本例为 F://PythonFile)，批量创建指定个数的文件夹。空文件夹如图 7-3 所示。

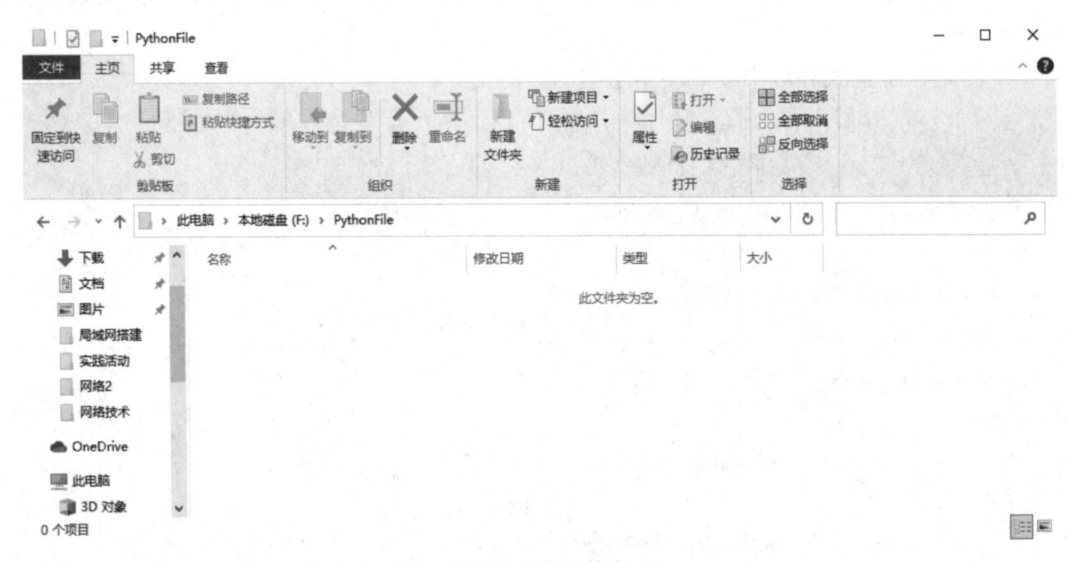


图 7-3　空文件夹

### 1. 实践分析

当文件夹不存在时，创建文件并打印创建成功，屏幕上显示：

```
文件夹 1 已经创建成功!
文件夹 2 已经创建成功!
```

新建的文件夹如图 7-4 所示。

图 7-4　新建的文件夹

这个时候再运行程序，将输出创建文件夹个数为 3，则显示：

```
该目录存在！
该目录存在！
文件夹 3 已经创建成功！
```

因为文件夹 1 和文件夹 2 已经创建，只创建文件夹 3，这时文件夹如图 7-5 所示。

图 7-5　二次创建文件夹后

### 2. 代码实现

本实践的具体实现代码如下所示：

```
import os    # 文件或目录模块
path = 'F:\\PythonFile\\'   # 外层路径
def filefolder(num):
    for i in range(1, num + 1):
        # 设置文件夹名称
        filefoldername = path + str(i)
        # 检测文件夹是否存在
        if isExists(filefoldername):
            print("该目录存在！")
        else:
            # 不存在进行创建
            os.makedirs(filefoldername)
            if isExists(filefoldername):
                print('文件夹', i, '已经创建成功！')
# 检测文件夹是否存在
def isExists(filefoldername):
    x = os.path.exists(filefoldername)
    return x
if __name__ == '__main__':
    num = int(input("请输入需要生成的文件夹个数："))         # 获取输入的文件夹个数
    filefolder(num)
```

## 实践 7.2　辽宁省各市区号查询

辽宁省共辖 14 个地级市，分别是沈阳市、大连市、鞍山市、抚顺市、本溪市、丹东市、锦州市、营口市、阜新市、辽阳市、盘锦市、铁岭市、朝阳市、葫芦岛市。

各地级市区号为：

沈阳市：024、大连市：0411、鞍山市：0412、抚顺市：024、本溪市：024、丹东市：0415、锦州市：0416、营口市：0417、阜新市：0418、辽阳市：0419、盘锦市：0427、铁岭市：024、朝阳市：0421、葫芦岛市：0429。

本实践要求编写程序，实现根据区号对照表查询居民所在地的区号的功能。

### 1. 实践分析

本实践的查询功能是基于区号地区对照表实现的，这些码值都保存在“辽宁省的各市区号.txt”文件中，打开该文件的内容如图 7-6 所示。

观察图 7-6 的数据可知，文件中的数据结构类似于包含多个键值对的字典，其中每个键值对的键为市区的区号，值为各个市的名称。因此，这里可以先读取“辽宁省的各市区号.txt”文件中的数据，并将读取后的数据转换为字典，之后将用户输入的内容作为值来获取字典中的键值，从而实现通过地址查询区号的功能。

图 7-6　区号地区对照表

### 2. 代码实现

本实践的具体实现代码如下所示：

```
import json
file = open("F:\\File\\辽宁省的各市区号.txt", 'r', encoding='utf-8')# 先将文本文件存入指定的文件夹下，本例是 F:\File
telephone = file.read()
teleph_dict = json.loads(telephone)   # 转换为字典类型
address = input('请输入地区:')
for num, zone in teleph_dict.items():
    if address == zone:
        print(num)
```

以上代码首先导入了包含将字符串转换为字典功能的模块 json；其次打开“辽宁省的各市区号.txt”文件后读取数据，并调用 loads()函数将字符串类型的数据转换为字典；然后接收用户输入的地区名，将其与字典中的值逐个对比，相等则获取字典中该值对应的键，否则忽略不计；最后关闭打开的文件。

## 实践 7.3　电影信息的打印

有时，电影是你生活的一部分，周末看部新上映的电影，觉得颇有感触或特想吐槽，打开知乎看看其他人是如何评价的，并打算自己也写个影评；有时，电影是你生活的全部。作为电影从业人员，一直忙碌于自己筹备的电影，打开网页看到有人邀请自己参与某个电影讨论……

现要求编写程序打印几部知名影片的名字、国家、上映时间及评分。

### 1. 实践分析

CSV 模块中的 reader()和 writer()方法提供了读/写 CSV 文件的操作。文件操作时使用

with 上下文管理语句，在文件处理完毕后会自动关闭文件。

**2. 代码实现**

本实践的具体实现代码如下所示：

```
# 向 CSV 文件中写入和读取二维数据
datas = [
    ['Film_Name', 'Country', 'Release_time', 'Grading'],
    ['2012', 'America', '2008', '9'],
    ['godfather', 'America', '1954', '10'],
    ['shadow dance', 'Japan', '1980', '9'],
    ['hero', 'China', '2001', '8']
    ]
import csv
file_name = 'filmname.csv'
with open(file_name, 'w', newline="") as f:
    writer = csv.writer(f)
    for row in datas:
        writer.writerow(row)
ll = []
with open(file_name, 'r') as f:
    reader = csv.reader(f)
    for row in reader:
        print(row)
        ll.append(row)
    print(ll)
```

程序运行时，先打印在屏幕上电影的二维数据，再打印列表。

## 巩 固 练 习

**一、选择题**

1. 以下关于 Python 文件打开模式的描述中，错误的是(　　)。

A. 只读模式 r　　B. 覆盖写模式 w　　C. 追加写模式 a　　D. 创建写模式 n

2. 打开文件操作不正确的是(　　)。

A. f=open('test.txt', 'r')　　B. with open('test.txt', 'r') as f

C. f= open('C:\Apps\test.txt', 'r')　　D. f= open(r'C:\Apps\test.txt', 'r')

**二、填空题**

1. Python 内置函数________________用来打开或创建文件并返回文件对象。

2. 使用________________上下文管理关键字可以自动管理文件对象，不论何种原因结束该关键字中的语句块，都能保证文件被正确关闭。

3. Python 标准库 os.path 中用来判断指定文件是否存在的方法是______________。

4. Python 标准库 os.path 中用来判断指定路径是否为文件的方法是______________。

5. Python 标准库 os.path 中用来判断指定路径是否为文件夹的方法是____________。

6. Python 标准库 os.path 中用来分割指定路径中的文件扩展名的方法是___________。

**三、判断题**

1. 使用内置函数 open()打开文件时，只要文件路径正确就总是可以正确打开的。(　　)

2. 使用 print()函数无法将信息写入文件。(　　)

3. 对文件进行读写操作之后必须显式关闭文件以确保所有内容都得到保存。(　　)

4. Python 标准库 os 中的方法 startfile()可以启动任何已关联应用程序的文件，并自动调用关联的程序。(　　)

**四、简答题**

1. Python 中 dict 和 json 格式怎么转换？

2. read，readline 和 readlines 之间的区别？

**五、编程题**

编写程序，在 D 盘根目录下创建一个文本文件 test.txt，并向其中写入字符串 hello world。

# 项目 8　模　块

Python 中的模块是指用一堆代码实现了某个功能的代码集合。

模块类似于函数式编程和面向过程编程。函数式编程是完成一个功能，其他代码用来调用即可，提供了代码的重用性和代码间的耦合。对于一个复杂的功能来讲，可能需要多个函数才能完成，n 个.py 文件组成的代码集合就被称为模块。

**知识目标：**

(1) 了解模块的概念及其导入方式。

(2) 掌握常见标准模块的使用。

(3) 了解模块导入的特性。

(4) 掌握自定义模块的使用。

(5) 掌握包的结构及其导入方式。

(6) 了解第三方模块的下载与安装。

**思政目标：**

(1) 任何一个复杂问题都是由若干个单一问题构成的，通过学习这一项目，培养学生将问题整合归类的能力，逐步建立模块化程序设计思维能力。

(2) 先确定总体工作目标，再进一步将其分解为具体的小目标，从各个角度升华出团队协作的重要性。

(3) 通过模块的开发和实现，帮助学生深入了解基于模块的程序开发，体会积少成多、集腋成裘的深刻含义，积累平凡点滴，成就伟大梦想。

## 任务 8.1　模 块 概 述

模块就是用一堆代码实现一些功能的代码集合，通常将一个或者多个函数写在一个.py 文件里；如果有些功能实现起来很复杂，那么就需要创建多个.py 文件，这多个.py 文件的集合就是模块。

模块有以下三个优点：

(1) 提高了代码的可维护性。

(2) 提高了代码的复用性(当一个模块被完成之后，可以在多个文件中使用)。

(3) 引用其他的模块(第三方模块)，避免函数名和变量的命名冲突。

模块分为以下三种：

(1) 内置模块：Python 本身提供的模块。

(2) 自定义模块：我们自己根据项目的需求书写的模块。

(3) 第三方模块：别人写好的具有特殊功能的模块，在使用之前需自行安装。

下面介绍常见的模块。

### 8.1.1 os 模块

os 模块中常见的函数如表 8-1 所示。

**表 8-1 os 模块中的常见函数**

| 序号 | 函　数 | 说　明 |
|---|---|---|
| 1 | os.getcwd() | 获取当前工作目录，即当前 Python 脚本工作的目录路径 |
| 2 | os.chdir("dirname") | 改变当前脚本工作目录；相当于 shell 下 cd 命令 |
| 3 | os.curdir | 返回当前目录：('.') |
| 4 | os.pardir | 获取当前目录的父目录字符串名：('..') |
| 5 | os.makedirs('dir1/dir2') | 可生成多层递归目录 |
| 6 | os.removedirs('dirname1') | 若目录为空，则删除，并递归到上一级目录；如果上一级目录仍然为空，则也要删除，依此类推 |
| 7 | os.mkdir('dirname') | 生成单级目录；相当于 shell 中的 mkdirdirname 命令 |
| 8 | os.rmdir('dirname') | 删除单级空目录，若目录不为空则无法删除，报错；相当于 shell 中 rmdir dirname 命令 |
| 9 | os.listdir('dirname') | 列出指定目录下的所有文件和子目录，包括隐藏文件，并以列表方式打印 |
| 10 | os.remove() | 删除一个文件 |
| 11 | os.rename("oldname", "new") | 重命名文件/目录 |
| 12 | os.stat('path/filename') | 获取文件/目录信息 |
| 13 | os.sep | 操作系统特定的路径分隔符，win 下为“\\”，Linux 下为“/” |
| 14 | os.linesep | 当前平台使用的行终止符，win 下为“\t\n”，Linux 下为“\n” |

续表

| 序号 | 函　数 | 说　明 |
| --- | --- | --- |
| 15 | os.pathsep | 用于分割文件路径的字符串 |
| 16 | os.name | 字符串指示当前使用平台。win->'nt';Linux->'posix' |
| 17 | os.system("bash command") | 运行 shell 命令，直接显示 |
| 18 | os.environ | 获取系统环境变量 |
| 19 | os.path.abspath(path) | 返回 path 规范化的绝对路径 |
| 20 | os.path.split(path) | 将 path 分割成目录和文件名二元组返回 |
| 21 | os.path.dirname(path) | 返回 path 的目录，其实就是 os.path.split(path)的第一个元素 |
| 22 | os.path.basename(path) | 返回 path 最后的文件名。如果 path 以 / 或\结尾，那么就会返回空值，即 os.path.split(path)的第二个元素 |
| 23 | os.path.exists(path) | 如果 path 存在，返回 True；如果 path 不存在，返回 False |
| 24 | os.path.isabs(path) | 如果 path 是绝对路径，返回 True |
| 25 | os.path.isfile(path) | 如果 path 是一个存在的文件，返回 True；否则返回 False |
| 26 | os.path.isdir(path) | 如果 path 是一个存在的目录，则返回 True；否则返回 False |
| 27 | os.path.join(path1[, path2[, ...]]) | 将多个路径组合后返回，第一个绝对路径之前的参数将被忽略 |
| 28 | os.path.getatime(path) | 返回 path 所指向的文件或者目录的最后存取时间 |
| 29 | os.path.getmtime(path) | 返回 path 所指向的文件或者目录的最后修改时间 |

os 模块用于获取系统的功能，主要用于操作文件或者文件夹。其具体应用如下所示：

```
import os

# getcwd()  获取当前路径
print(os.getcwd())

# curdir  表示当前目录
print(os.curdir)

#  获取当前目录的父目录字符串名：('..')
# ./表示当前目录  ../表示上级目录
```

```
print(os.pardir)

# 改变当前脚本工作目录；相当于 shell 下 cd
os.chdir(r"F:\2023first\code")
print(os.getcwd())

# os.path.join() 拼接路径
print(os.path.join(r"F:\2023first\code", "os_example.py"))

# os.path.split() 拆分路径
path1 = r"F:\2023first\code\os_example.py"
print(os.path.split(path1))

# os.path.abspath 获取绝对路径
print(os.path.abspath("os_example.py"))

# rename() 重命名文件夹或者重命名文件
os.rename("a.py", "a11.py")

# os.path.getsize() 获取文件大小
print(os.path.getsize("a11.py"))

# os.path.dirname 获取路径的文件夹部分
print(os.path.dirname(path1))

# os.path.basename 获取路径的文件名部分
print(os.path.basename(path1))

# os.path.exists()判断文件或者文件夹是否存在于当前工作路径，若存在，返回 True；若不存在，返回 False
print(os.path.exists("fun.py")) #False
print(os.path.exists("a11.py")) #True
print(os.path.exists("os_example.py"))
```

以上代码运行结果如下：

```
C:\Users\Administrator
..
F:\2023first\code
```

```
F:\2023first\code\os_example.py
('F:\\2023first\\code', 'os_example.py')
F:\2023first\code\os_example.py
380
F:\2023first\code
os_example.py
False
True
True
```

## 8.1.2　random 模块

### 1. random 模块常用函数

random 模块常用函数如表 8-2 所示。

表 8-2　random 模块的常用函数

| 函　数 | 描　　述 |
| --- | --- |
| random() | 返回 0<n<=1 |
| getrandbits(n) | 以长整型返回 n 个随机位 |
| uniform(a, b) | 返回随机实数 n，其中 a<=n<=b |
| randrange([start], stop, [step]) | 返回 range(start，stop，step)中的随机数 |
| choice(seq) | 从序列 seq 中返回随意元素 |
| shuffle(seq[, random]) | 原地指定序列 seq(将有序列表变成无序列表) |
| sample(sea, n) | 从序列 seq 中选择 n 个随机且独立的元素 |

### 2. random 常用函数举例

1) 随机整数

随机整数函数示例如下所示：

```
import random
# [0, 75]随机选取大于等于 0 且小于等于 75 之间的整数
print(random.randint(0, 75))

#[5, 100)　随机选取大于等于 5 且小于 100 之间的整数
print(random.randrange(5, 100))

# 随机选取 0～51 之间的偶数
print(random.randrange(0, 51, 2))
```

第一次运行结果：

```
14
75
46
```

第二次运行结果：

```
18
81
14
```

2) 随机浮点数

随机浮点数函数示例如下所示：

```
#(0, 1)----float    大于 0 且小于 1 之间的小数
print(random.random())

#大于 1 且小于 5 的小数，如 1.927109612082716
print(random.uniform(1, 5))
```

运行结果：

```
0.2598055303325528
3.622818337580308
```

3) 随机字符

随机字符函数应用示例如下：

```
# 随机选取字符串中的一个字符
print(random.choice('Aioeuwrwio'))

#列表元素为任意元素，10 或者 ab 或者[9, 21]
print(random.choice([10, 'ab', [9, 21]]))

# 随机选取字符串中的三个字符
print(random.sample('Aioeuwrwio', 3))

#列表元素为任意 2 个组合
print(random.sample([10, 'ab', [9, 21]], 2))
```

运行结果：

```
e
[9, 21]
['u', 'w', 'e']
[[9, 21], 10]
```

## 8.1.3 sys 模块

### 1. sys 模块基本方法

sys 模块基本方法如表 8-3 所示。

表 8-3 sys 模块基本方法

| 序号 | 方 法 | 说 明 |
| --- | --- | --- |
| 1 | sys.argv | 返回执行脚本传入的参数 |
| 2 | sys.exit(n) | 退出当前程序，可以为函数传递参数，从而设置返回值或退出信息，正常退出时返回值为 0 |
| 3 | sys.version | 获取 Python 解释程序的版本信息 |
| 4 | sys.maxint | 最大的 Int 值 |
| 5 | sys.path | 返回模块的搜索路径，初始化时使用 PYTHONPATH 环境变量的值 |
| 6 | sys.platform | 返回操作系统平台名称 |

### 2. sys 模块应用

sys 模块应用示例代码如下：

```
import sys
# 获取命令行参数列表，该列表的第一个元素为程序所在路径
print(sys.argv)
# 获取 Python 解释程序的版本信息
print(sys.version)
# 返回操作系统平台名称
print(sys.platform)
# 返回模块的搜索路径，初始化时使用 PYTHONPATH 环境变量的值
print(sys.path)
#退出程序，正常退出，后面的程序不执行。
sys.exit(0)
print("Hello  World")
```

运行结果：

```
['f:/2023first/code/sys_example.py']
3.8.2 (tags/v3.8.2:7b3ab59, Feb 25 2020, 23:03:10) [MSC v.1916 64 bit (AMD64)]
win32
['f:\\2023first\\code',
'C:\\Users\\Administrator\\AppData\\Local\\Programs\\Python\\Python38\\python38.zip',
'C:\\Users\\Administrator\\AppData\\Local\\Programs\\Python\\Python38\\DLLs',
'C:\\Users\\Administrator\\AppData\\Local\\Programs\\Python\\Python38\\lib',
```

```
'C:\\Users\\Administrator\\AppData\\Local\\Programs\\Python\\Python38',
'C:\\Users\\Administrator\\AppData\\Roaming\\Python\\Python38\\site-packages',
'C:\\Users\\Administrator\\AppData\\Local\\Programs\\Python\\Python38\\lib\\site-packages']
```

## 8.1.4 time 模块

### 1. time 模块中的重要函数

time 模块中的重要函数如表 8-4 所示。

表 8-4 time 模块的重要函数

| 函　数 | 描　　述 |
|---|---|
| asctime([tuple]) | 将时间元组转换为字符串 |
| localtime([secs]) | 将秒数转换为日期元组 |
| mktime(tuple) | 将时间元组转换为本地时间 |
| sleep(secs) | 休眠 secs 秒 |
| strptime(string[, format]) | 将字符串解析为时间元组 |
| time() | 获取当前时间 |
| time.gmtime() | 将时间转换成 utc 格式的元组格式 |

在 Python 中，通常有这几种方式来表示时间：

(1) 时间戳(timestamp)：通常来说，时间戳表示的是从 1970 年 1 月 1 日 00:00:00 开始按秒计算的偏移量。我们运行“type(time.time())”，返回的是 float 类型。

(2) 格式化的时间字符串(Format String)，即：time.strftime(‘%Y-%m-%d’)，如 2014-11-11 11:11。

(3) 结构化的时间(struct_time)：struct_time 元组共有 9 个元素：(年，月，日，时，分，秒，一年中第几周，一年中第几天，夏令时)

### 2. 具体应用

time 模块中重要函数的应用示例代码如下：

```
import time
#--------------------------我们先以当前时间为准，让大家快速认识三种形式的时间
# 时间戳:如 1679231173.8692174
print(time.time())
#格式化的时间字符串:如'2023-03-19 21:06:13'
print(time.strftime("%Y-%m-%d %X"))
#本地时区的 struct_time
print(time.localtime())
#UTC 时区的 struct_time
print(time.gmtime())
```

运行结果：

```
1679231864.68641
2023-03-19 21:17:44
time.struct_time(tm_year=2023, tm_mon=3, tm_mday=19, tm_hour=21, tm_min=17, tm_sec=44, tm_wday=6, tm_yday=78, tm_isdst=0)
time.struct_time(tm_year=2023, tm_mon=3, tm_mday=19, tm_hour=13, tm_min=17, tm_sec=44, tm_wday=6, tm_yday=78, tm_isdst=0)
```

## 任务 8.2　自定义模块

程序开发过程中，不会将所有代码都放在一个文件中，而是将耦合度较低的多个功能写入不同的文件中，制作成模块，并且在其他文件中以导入模块的方式使用自定义模块中的内容。在 Python 中每个文件都可以作为一个模块存在，文件名即为模块名。

假设现在一个名字为 moduels 的 Python 文件，该文件中的内容如下：

```
age=18
def introduce():
    print(f"my name is itheima, I'm{age}years old this year.")
```

moduels 文件可以看作一个模块，这个模块中定义的 introduce()函数和 age 变量都可在导入这个模块的程序中使用。与标准模块相同的是，自定义模块也通过 import 语句和 from…import…语句导入。

### 8.2.1　使用 import 语句导入模块

使用 import 语句导入模块有以下三种方法：

(1) import modules(模块名字)，导入整个 modules 模块，这种导入方式比较占用内存。示例如下所示：

```
import modules
modules.introduce()
print(modules.age)
```

程序运行结果为：

```
my name is itheima, I am 18 years old this year.
18
```

(2) import modules(模块名字)as XX，这里是导入整个 modules 模块的同时给它取一个别名 XX，因为有些模块名字比较长，用一个缩写的别名代替，在下次用到它时就比较方便。示例如下所示：

```
import modules as m1
m1.introduce()
print(m1.age)
```

程序运行结果为：

```
my name is itheima, I am 18 years old this year.
18
```

(3) 使用 module_demo 模块中的 introduce(函数)，也可以使用 from…import…语句导入该函数。示例如下所示：

```
from modules import introduce
introduce()
```

程序运行结果为：

```
my name is itheima, I am 18 years old this year.
```

### 8.2.2　模块搜索目录

当导入一个模块时，Python 解析器对模块位置的搜索顺序是：

(1) 当前目录；

(2) 如果不在当前目录，则搜索在 shell 变量 PYTHONPATH 下的每个目录；

(3) 如果都找不到，Python 会查看默认路径。UNIX 下，默认路径一般为/usr/local/lib/python/。

模块搜索路径存储在 system 模块的 sys.path 变量中，变量里包含当前目录，PYTHONPATH 是由安装过程决定的默认目录。

PYTHONPATH 作为环境变量，是由装在一个列表里的许多目录组成的。PYTHONPATH 的语法和 shell 的 PATH 变量一样。

在 Windows 系统，典型的 PYTHONPATH 如下：

```
set PYTHONPATH=c:\python37\lib;
```

## 任务 8.3　以主程序的形式执行

一个模块被另一个程序第一次引入时，其主程序将运行。如果我们想在模块被引入时，模块中的某一程序块不执行，我们可以用 __name__ 属性来使该程序块仅在该模块自身运行时执行。示例代码如下所示：

```
#!/usr/bin/python3
# Filename: using_name.py

if __name__ == '__main__':
    print('程序自身在运行')
else:
    print('我来自另一模块')
```

上述代码的执行结果为：

```
$ python using_name.py
程序自身在运行

$ python
>>> import using_name
我来自另一模块
```

说明：Python 中用 __name__ 属性避免执行测试代码。如果当前模块是启动模块，则__name__ 属性的值为 __main__；若该模块是被其他程序导入的，则 __name__ 属性的值为文件名。

## 任务 8.4　Python 中的包

包是一种管理 Python 模块命名空间的形式，采用“点模块名称”。比如一个模块的名称是 A.B，那么它表示一个包 A 中的子模块 B。

采用点模块名称这种形式使用模块，使得不同模块之间的全局变量相互不影响。例如：不同的作者都可以提供 NumPy 模块，或者是 Python 图形库。

假设你想设计一套统一处理声音文件和数据的模块(或者称之为一个“包”)。因为有很多种不同的音频文件格式(基本上都是通过后缀名区分的，例如 .wav，.aiff，.au)，所以需要有一组不断增加的模块用来在不同的格式之间进行转换。此外针对这些音频数据，还有很多不同的操作(比如混音、添加回声、增加均衡器功能、创建人造立体声效果等)，所以还需要一组怎么也写不完的模块来处理这些操作。

### 8.4.1　Python 程序的包结构

下面给出了一种可能的包结构(在分层的文件系统中)：

```
sound/                          #顶层包
  __init__.py                   #初始化 sound 包
    formats/                    #文件格式转换子包
        __init__.py
        wavread.py
        wavwrite.py
        aiffread.py
        aiffwrite.py
        auread.py
        auwrite.py
        ...
    effects/                    #声音效果子包
        __init__.py
        echo.py
```

```
        surround.py
        reverse.py
        ...
    filters/                    #filters 子包
        __init__.py
        equalizer.py
        vocoder.py
        karaoke.py
        ...
```

### 8.4.2　创建和使用包

在导入一个包的时候，Python 会根据 sys.path 中的目录来寻找这个包中包含的子目录。

目录只有包含一个叫作 __init__.py 的文件才会被识别为一个包，主要是为了避免一些滥俗的名字(比如叫作 string)影响搜索路径中的有效模块。

最简单的情况是放一个空的 :file: __init__.py 就可以了。当然这个文件中还可以包含一些初始化代码或者为(将在后面介绍的) __all__ 变量赋值的代码。

用户可以每次只导入一个包里面的特定模块，例如：

```
import sound.effects.echo
```

这将会导入子模块 sound.effects.echo。它必须使用全名去访问：

```
sound.effects.echo.echofilter(input, output, delay=0.7, atten=4)
```

还有一种导入子模块的方法是：

```
from sound.effects import echo
```

这同样会导入子模块 echo，并且它不需要那些冗长的前缀，所以可以这样使用：

```
echo.echofilter(input, output, delay=0.7, atten=4)
```

## 任务 8.5　引用其他模块

Python 模块大概分为三种：自定义模块、内置模块和开源模块(第三方模块)，常见的有以下这些：requests、time datetime、random、os、sys 等。接下来重点介绍一下 Python 第三方模块。

常用的 Python 第三方模块有：

(1) Requests：Kenneth Reitz 写的最负盛名的 http 库，每个 Python 程序员都应该会使用它。

(2) Scrapy：如果你从事的是 Python 爬虫相关的工作，则这个库必不可少。

(3) WxPython：Python 的一个 GUI 工具，主要用它来替代 tkinter。

(4) Pillow：它是 PIL 的一个友好分支，对用户比 PIL 更加友好，是任何在图形领域工

作的人员必备的库。

(5) SQLalchemy：一个和数据库相关的库，对它的评价中等。

(6) Beautifulsoup：这个库用起来虽然比较慢，但是它的 xml 和 html 的解析库对于新手来讲非常好用。

(7) Twisted：对于网络应用开发者而言这是最重要的工具之一，它有非常优美的 api，被很多 Python 开发工程师使用。

(8) Numpy：它为 Python 提供了很多高级的数学方法。

(9) Scipy：这是一个 Python 的算法和数学工具库，它的功能把很多科学家从 Ruby 吸引到了 Python 上。

(10) Matplotlib：一个绘制数据图的库，对于数据科学家或者分析师非常有用。

# 任务 8.6 实践活动

## 实践 8.1 输入用户名

网站的注册登录业务都需要用户名，用户名的字符有其特殊的规范性，一般是数字和大小写字母。

本实践要求编写程序，实现输入 8 位用户名的功能。

### 1. 实践分析

本实践的用户名由 8 个字符组成，每个字符由大小写英文字母或阿拉伯数字组成。其基本实现思路为：

(1) 创建一个空字符串 code_list。

(2) 输入一个字符并判断是否符合要求。

(3) 将符合要求的字符逐个拼接到 code_list 后面。

以上实现思路中的步骤(2)是验证码功能的核心部分，此部分的主要功能是判断输入的 8 个字符是否符合要求，确保每次生成的字符类型只能为大写字母、小写字母和数字中的任一种。

为确保每次输入的是所选类型中的字符，这里需要按三种类型给随机数指定范围，即数字类型对应的数值范围为 0～9，大写字母对应的 ACSII 码范围为 65～90，小写字母对应的 ACSII 码范围为 97～122。

### 2. 代码实现

本实践的具体实现代码如下所示：

```
def verifycode():
code_list = ''
    #每一位用户名都有三种可能(大写字母，小写字母，数字)
    for i in range (1, 9):              #控制用户名生成的位数
        adminInput = ord(input("请输入密码第: %d  位："% i))
```

```
            if adminInput>= 65 and adminInput<= 90:
                code_list = code_list + str(chr(adminInput))
            elif adminInput>= 97 and adminInput<= 122:
                code_list = code_list + str(chr(adminInput))
            elif adminInput>= 48 and adminInput<= 57:
                code_list = code_list + str(chr(adminInput))
            else:
                print("请输入范围内的符号" )
        return code_list


if __name__ == '__main__':
    verifycode = verifycode()
    print(verifycode)
```

以上代码定义了一个验证输入字符的函数 verifycode()，该函数中首先定义了一个空字符串 code_list，然后使用 for 语句控制循环执行的次数，即字符的个数，将输入的字符拼接到 code_list 中，最后返回 code_list。

## 实践 8.2 双色球

双色球由中福彩中心发行和组织销售，由各省福彩机构在所辖区域内销售。采用计算机网络系统发行，在各省福彩机构设置的销售网点销售，每周二、周四、周日开奖。双色球投注区分为红色球号码区和蓝色球号码区，红色球号码区由 1～33 共 33 个号码组成，蓝色球号码区由 1～16 共 16 个号码组成。投注时选择 6 个红色球号码和 1 个蓝色球号码组成一注进行单式投注，每注金额为人民币 2 元。

现使用 Random 模块模拟双色球号码生成器。

### 1. 实践分析

红色球号码区由 1～33 共 33 个号码组成，共 6 个红色球号码。蓝色球号码区由 1～16 共 16 个号码组成，共 1 个蓝色球号码。一注双色球由 6 个红球号码和 1 个蓝球号码组成。

一注双色球的产生过程为随机在 1～33 个号码中选取 6 个不重复的号码，若号码为个位数，例如 5，则在前面加 1 个 0，变成 05，6 个数字选出后要进行排序，确保小数在前，大数在后；再随机在 1～16 个号码中抽取一个数作为蓝球；最后将红球与蓝球进行组合，生成一注双色球。

若要生成多注双色球，在二维列表中存储相应的号码，并按照每注在一起打印。

### 2. 代码实现

本实践的具体实现代码如下所示：

```
# 导入 sys 模块是 python 内置的
import sys
# 导入自定义模块所在的目录路径为模块路径
```

```
sys.path.append(r"D:\Python\python0\python0")
# 导入模块
import MyModular
# Greatnumber=[]
print('双色球号码生成器')
# 提示用户输入双色球的注数并获取输入的内容
time=input('请输入要生成的双色球号码注数：')
# 根据注数获取双色球号码
Greatnumber=MyModular.Great_lotto(int(time))
# 循环打印每个号码
for i in range(0, int(time)):
    # 打印的时候根据格式显示号码
    print('{} {} {} {} {} {} {}'.format(Greatnumber[i][0], Greatnumber[i][1], Greatnumber[i][2],
Greatnumber[i][3], Greatnumber[i][4], Greatnumber[i][5], Greatnumber[i][6]))
```

在上面的程序中，首先导入 MyModular 模块，再使用 MyModular 中的 double_ball(times)函数。

存在 MyModular 包中的 __init__.py 文件代码如下所示：

```
# 导入随机模块
import  random
# 双色球号码生成
def double_ball(times):
    # 创建返回的号码空列表
    DoubleBallnumber = []
    # 根据随机注释循环
    for i in range(0, times):
        #创建空列表
        numbers = []
        # 创建数字为 1～33 的红色球列表
        redlist = list(range(1, 34))
        # 在红球列表中选取 6 个元素，生成红色球
        numberred=random.sample(redlist, 6)
        # 创建数字为 1～16 的蓝色球列表
        bulelist=list(range(1, 17))
        # 在蓝色球列表中选取 1 个蓝色球，生成蓝色球
        numberbulle=random.sample(bulelist, 1)
        # 按照大小号排序红球
        numberred.sort()

        # 蓝球红球组成随机的号码列表
```

```
        numbers=numberred+numberbulle
        # 循环随机的号码
        for n in range(len(numbers)):
            # 判断号码是否<10
            if numbers[n]<10:
                # 当号码小于 10 时在数字前添加 0
                numbers[n]='0'+str(numbers[n])
        # 添加到返回的号码列表中
        DoubleBallnumber.append(numbers)
    # 返回得到的数据
    return DoubleBallnumber
```

**3. 代码测试**

运行程序，提示“请输入要生成的双色球号码注数:”，输入 5 后，按回车，得到如下结果:

```
01 02 13 17 18 23    05
03 07 16 18 24 27    04
05 06 11 15 26 30    11
03 06 09 22 24 31    09
04 07 14 23 24 29    16
```

## 巩固练习

**一、选择题**

1. 下列导入模块的方式错误的是(　　)。

A. import mo　　B. from mo import *

C. import mo as m　　D. import m from mo

2. 以下关于模块的说法错误的是(　　)。

A. 一个 xx.py 就是一个模块

B. 任何一个 xx.py 文件都可以作为模块导入

C. 模块文件的扩展名不一定是.py

D. 运行时会从指定的目录搜索导入的模块，如果没有会报异常错误

**二、填空题**

1. 在使用 import 语句导入函数时，可以使用______________语句来给函数指定别名。

2. Python 中的模块分为______________、______________、______________。

**三、判断题**

1. 执行语句 from math import sin 之后，可以直接使用 sin()函数，例如 sin(3)。(　　)

2. 假设已导入 random 标准库，那么表达式 max([random.randint(1, 10) for iinrange(10)]) 的值一定是 10。（ ）

3. Python 标准库 random 的方法 randint(m, n)用来生成一个[m, n]区间上的随机整数。（ ）

4. 已知 seq 为长度大于 10 的列表并且已导入 random 模块，那么[random.choice(seq) for i in range(10)]和 random.sample(seq, 10)等价。（ ）

**四、简答题**

1. 解释 Python 脚本程序的“name”变量及其作用。
2. 在 Python 中导入模块中的对象有哪几种方式？

# 巩固练习参考答案

## ◆ 项目 1 初识 Python

一、选择题

1. D　　2. B　　3. D　　4. B　　5. D

二、填空题

1. 对象　　　　2. 可移植性

三、判断题

1. √　　　　2. ×

四、简答题

1. 答：简单易学，免费开源，可移植性，面向对象，丰富的库。

2. 答：

(1) Python 2 使用 print 语句进行输出，Python 3 使用 print()函数进行输出。

(2) Python 2 中字符串有默认 ASCII 编码的 str 类型和 unicode 类型。Python 3 中默认使用 UTF-8 编码，以更好地实现对中文或其他非英文字符的支持。

(3) 使用运算符“/”进行除法运算时，Python 2 中整数相除的结果是一个整数，浮点数相除的结果是一个浮点数；Python 3 中整数相除的结果也会得到浮点数。

(4) 在 Python 2 中，所有类型的对象直接被抛出，在 Python 3 中，只有继承自 BaseException 的对象才可以被抛出。在 Python 2 中，捕获异常的语法是“except Exception, err”；在 Python 3 中，捕获异常的语法变更为“except Exception as err”。在 Python 2 中，处理异常可以使用“raise Exception, args”或者“raise Exception(args)”两种语法；在 Python 3 中，处理异常只能使用“raise Exception(args)”。Python 3 取消了异常类的序列行为和 message 属性。

## ◆ 项目 2 字符串与格式化处理

一、选择题

1. A　　2. A　　3. D　　4. B　　5. C

二、填空题

1. 4　　2. True，False　　3. type　　4. 浮点　　5. 1

三、判断题

1. ×　　2. ×　　3. ×　　4. ×　　5. √

四、简答题

1. 答：根据数据存储形式的不同，Python 使用不同的数据类型存储不同类型的数据。数字类型提供了数值的存储，Python 中的数字类型又包含整型、浮点型、复数类型和布尔类型。

2. 答：常量名使用大写的单个单词或由下画线连接的多个单词(如 ORDER_LIST_LIMIT)；模块名、函数名使用小写的单个单词或由下画线连接的多个单词(如 low_with_under)；类名使用大写字母开头的单个或多个单词(如 Cat、CapWorld)。

3. 答：Python 运算符是一种特殊的符号，主要用于实现数值之间的运算。根据操作数数量的不同，运算符可分为单目运算符、双目运算符；根据功能的不同，运算符可分为算术运算符、赋值运算符、比较运算符、逻辑运算符和成员运算符。

五、编程题

1. 答：

```
radius = float(input("请输入圆的半径："))
# 直径
diameter = 2 * radius
# 面积
area = 3.14 * radius * radius
print('圆的直径为：', diameter)
print('圆的面积为：', area)
```

2. 答：

```
frequency = (29.5 - 4 * 3) / 2.5
print("还需运送的次数为：", frequency)
```

## ◆ 项目 3　流程控制

一、选择题

1. C　　2. C　　3. C　　4. C　　5. B

二、填空题

1. if　　2. for，while　　3. True　　4. for　　5. continue

三、判断题

1. ×　　2. ×　　3. ×　　4. √　　5. ×

四、 简答题

1. 答：break 语句用于结束当前整个循环；continue 的作用是用来结束本次循环，紧接着执行下一次的循环。

2. 答：while 语句一般用于实现条件循环；for 语句一般用于实现遍历循环。

五、编程题

1. 答：

```
num = 0
while num <= 100:
```

```
    if num % 2 == 0:
        print(num)
    num += 1
```

2. 答：

```
num = int(input("请输入一个数："))
if num > 0:
    print("输入的数是正数")
elif num < 0:
    print("输入的数是负数")
else:
    print("输入的数是零")
```

3. 答：

```
i = 2
for i in range(2, 100):
    j = 2
    for j in range(2, i):
        if i % j == 0:
            break
    else:
        print(i)
```

## ◆ 项目 4　组合数据结构

一、选择题

1. D　2. C　3. D　4. C　5. B　6. C　7. A　8. D　9. C

二、填空题

1. [18, 19]　2. ([1, 3], [2])　3. [(1, 1), (2, 3), (3, 3)]

4. True　5. [1, 4, 3, 2, 5]　6. get()　7. items()

三、判断题

1. √　2. √

## ◆ 项目 5　函数

一、选择题

1. C　2. D　3. C　4. B　5. C

二、填空题

1. 函数　2. 函数名　3. 递归函数　4. global　5. 外

三、判断题

1. ×　　2. ×　　3. √　　4. ×　　5. √

四、简答题

1. 答：位置参数会将实参依次传递给形参；关键字参数是通过“形参=实参”形式将实参传递给形参；默认参数是在定义函数时为形参赋值。

2. 答：混合传递参数规则为：优先按位置参数传递；然后按照关键字参数方式传递；后按照默认参数传递；最后按照打包传递方式传递。

3. 答：根据作用域的不同，变量可以分为全局变量和局部变量。全局变量指的是可以在整个程序的范围内起作用；局部变量通常指在函数内定义的变量，该变量只能在函数体中使用。

五、 编程题

1.

```
def event_num_sum():
    result = 0
    counter = 1
    while counter <= 100:
        counter += 1
        if counter % 2 == 1:
            continue
        result += counter
    return result
    print(event_num_sum())
```

2.

```
def func(num):
    if num == 2:
        return 1
    else:
        return num * func(num - 1)
result = func(20)
print(result)
```

3.

```
def is_palindrome():
    num = input('请输入整数：\n')
    palindrome_num = num[::-1]
    return num == palindrome_num
print(is_palindrome())
```

4.

```
def triangle():
```

```
    side_length_one = int(input("请输入第一个边长：\n"))
    side_length_two = int(input("请输入第二个边长：\n"))
    side_length_three = int(input("请输入第三个边长：\n"))
    if (side_length_one + side_length_two > side_length_three and
            side_length_one + side_length_three > side_length_two and
            side_length_two + side_length_three > side_length_one):
        return "能构成三角形"
    else:
        return "不能构成三角形"
print(triangle())
```

5.

```
def lcm(x, y):
    # 获取最大的数
    if x > y:
        greater = x
    else:
        greater = y
    while True:
        if greater % x == 0 and greater % y == 0:
            lcm = greater
            break
        greater += 1
    return lcm
# 获取用户输入
num1 = int(input("输入第一个数字: "))
num2 = int(input("输入第二个数字: "))
print(num1, "和", num2, "的最小公倍数为", lcm(num1, num2))
```

## ◆ 项目 6　面向对象编程

一、选择题

1. B　　2. C

二、判断题

1. √　2. √　3. √　4. √　5. ×
6. √　7. √　8. ×　9. ×　10. √

三、简答题

1. 答：

__new__ 是在实例创建之前被调用的，用于创建实例，然后返回该实例对象，是个静态方法。

__init__ 是在实例对象创建完成后被调用的，用于初始化一个类实例，是个实例方法。

2. 答：

(1) 同时支持单继承与多继承，当只有一个父类时为单继承，当存在多个父类时为多继承。

(2) 子类会继承父类所有的属性和方法，子类也可以覆盖父类同名的变量和方法。

(3) 在继承中，基类的构造方法(__init__())不会被自动调用，它需要在其派生类的构造方法中专门调用。

(4) 在调用基类的方法时，需要加上基类的类名前缀，且需要带上 self 参数变量，区别于在类中调用普通函数时并不需要带上 self 参数。

## ◆ 项目 7　文件和目录操作

一、选择题

1. D　　2. C

二、填空题

1. open()　　2. with　　3. exists()　　4. isfile()　　5. isdir()　　6. splitext()

三、判断题

1. ×　　2. ×　　3. √　　4. √

四、简答题

1. 答：

```
#dict 转 json:
Import json
dict1 ={ "lisi" :2, "zhangsan" :2, "wanger" :6}
myjson=json.dumps(dict1)
#json 转 dict:
mydict=json.loads(myjson)
```

2. 答：

```
read 读取整个文件
readline 读取下一行，使用生成器方法
readlines 读取整个文件到一个迭代器以供我们遍历
```

五、编程题

代码：

```
fp = open(r'D:\test.txt', 'a+')
print('hello world', file=fp)
fp.close()
```

## ◆ 项目 8　模块

一、选择题

1. D　　2. C

二、填空题

1. as　　2. 内置模块、第三方模块、自定义模块

三、判断题

1. √　　2. ×　　3. √　　4. ×

四、简答题

1. 答：每个 Python 脚本在运行时都有一个“name”属性。如果脚本作为模块被导入，则其“ name ”属性的值被自动设置为模块名；如果脚本独立运行，则其“name”属性值被自动设置为“main”。利用“name”属性即可控制 Python 程序的运行方式。

2. 答：

(1) import 模块名[as 别名]。

(2) from 模块名 import 对象名[ as 别名]。

(3) from math import *)。

# 参 考 文 献

[1] 邓英，夏帮贵. Python3 基础教程[M]. 北京：人民邮电出版社，2016.
[2] [美] John Zelle. Python程序设计[M]. 3版. 王海鹏，译. 北京：人民邮电出版社，2018.
[3] 夏敏捷，张西广. Python 程序设计应用教程[M]. 北京：中国铁道出版社，2018.
[4] [挪] Magnus LieHetland. Python基础教程[M]. 袁国忠，译. 北京：人民邮电出版社，2018.
[5] 陈波，刘慧君. Python 编程基础及应用[M]. 北京：高等教育出版社，2020.
[6] 黑马程序员. Python 程序开发案例教程[M]. 北京：中国铁道出版社，2021.
[7] 唐永华，刘德山，李玲. Python3 程序设计[M]. 北京：人民邮电出版社，2021.
[8] 赵广辉，李敏之，邵艳玲. Python 程序设计基础[M]. 北京：高等教育出版社，2021.
[9] 明日科技. 零基础学 Python[M]. 吉林：吉林大学出版社，2021.
[10] 董付国. Python 程序设计[M]. 北京：机械工业出版社，2022.